I0474553

El diseñador industrial emprendedor

Profesionalismo en la 4RI

Copyright © 2018 por: Ana María Reyes Fabela.

Número de Control de la Biblioteca del Congreso de EE. UU.:   2018901270
ISBN: Tapa Dura   978-1-5065-2370-5
            Tapa Blanda   978-1-5065-2372-9
            Libro Electrónico   978-1-5065-2371-2

Todos los derechos reservados. Ninguna parte de este libro puede ser reproducida o transmitida de cualquier forma o por cualquier medio, electrónico o mecánico, incluyendo fotocopia, grabación, o por cualquier sistema de almacenamiento y recuperación, sin permiso escrito del propietario del copyright.

Las opiniones expresadas en este trabajo son exclusivas del autor y no reflejan necesariamente las opiniones del editor. La editorial se exime de cualquier responsabilidad derivada de las mismas.

Información de la imprenta disponible en la última página.

Fecha de revisión: 05/02/2018

Para realizar pedidos de este libro, contacte con:
Palibrio
1663 Liberty Drive
Suite 200
Bloomington, IN 47403
Gratis desde EE. UU. al 877.407.5847
Gratis desde México al 01.800.288.2243
Gratis desde España al 900.866.949
Desde otro país al +1.812.671.9757
Fax: 01.812.355.1576
ventas@palibrio.com
773646

Fondo Editorial

Centro de Investigación Multidisciplinaria en Educación de la Universidad Autónoma del Estado de México

(CIME-UAEM)

A través del Acuerdo del Rector de la Universidad Autónoma del Estado de México, se crea el Centro de Investigación Multidisciplinaria en Educación, el día 4 de septiembre del 2017. Dentro de sus atribuciones está la de regular la elaboración, ejecución, seguimiento y aseguramiento de la calidad de su producción científica. Acorde con este espíritu, el CIME crea su Fondo Editorial como parte de su programa de difusión que tiene como bases:

Criterio de arbitraje. La producción científica, libros, capítulos de libros, artículos y ponencias deben someterse a un proceso riguroso y minucioso de arbitraje donde se valora la correspondencia con la línea de investigación del investigador, contenido científico y calidad editorial.

Criterio de visibilidad. Se valora el impacto científico, académico y social de la obra para lograr una difusión internacional a través de formatos físico y electrónico.

El libro *El Diseñador Industrial emprendedor, profesionalismo en la 4RI*, ha pasado por estos dos criterios de evaluación para su publicación en una editorial internacional de reconocido prestigio junto con la Universidad Autónoma del Estado de México.

Fotografía: Mtra. Amparo Gómez Castro
e-mail: diplomado_fad@yahoo.com.mx

Universidad Autónoma
del Estado de México

cime
Centro de Investigación
Multidisciplinaria en Educación

El Diseñador Industrial emprendedor

Profesionalismo en la 4RI

Ana María Reyes Fabela

Presentación

El Diseñador Industrial es un profesionista formado para desempeñarse en diversas funciones que le demanda el mercado profesional, adquiere habilidades en su formación para participar desde la creación de productos, procesos y sistemas hasta la organización y planeación en el posicionamiento del mercado de bienes y servicios. Es un profesionista creativo y polivalente capaz de intervenir de forma positiva en el mejoramiento de la calidad de los objetos de uso potencializando el valor de cambio a partir de las cualidades artísticas y de aplicación que tienen los diseños y producciones en las que se incorpora su talento.

El diseñador industrial cuenta con un nicho de desempeño profesional que siempre le ha caracterizado, es una profesión que nace y se desarrolla a la luz de los adelantos científicos y tecnológicos que se incorporan a la industria. No es extraño encontrar en la historia del diseño industrial a grandes representantes que han tenido en las pasadas tres revoluciones industriales un papel protagónico. Ahora en la Cuarta Revolución Industrial (4RI), no es excepción que el diseñador industrial tiene retos y oportunidades para ser un actor esencial de los transformaciones industriales porque tiene las capacidades y competencias para diseñar objetos, procesos y sistemas con base en los adelantos industriales que nacen de la convergencia de la física, la biología y de lo digital.

El diseñador industrial puede diseñar productos, sistemas y procesos bidimensionales (2D) y tridimensionales (3D), herencia de las pasadas revoluciones científicas; además, ahora tiene el reto de diseñar con base en las realidades aumentada y virtual en 7D. Puede manejar en sus diseños el uso de nuevos materiales y de nuevas tecnologías. El diseñador industrial, sin duda alguna, es un profesional de futuro.

Este profesional del futuro, lo es en todas sus facetas y funciones. Al piso de la industria directamente en la línea de producción y servicio, en el laboratorio de innovación, en la administración, en la gestión y en el *markenting*. Se puede contratar en las firmas industriales y en las organizaciones innovadoras; o bien, puede poner en juego sus cualidades y conocimientos como empresario. Como contratado o como empresario en la 4RI puede desempeñarse de forma profesional impulsando su creatividad y su espíritu innovador.

En este libro, se ofrece una experiencia del diseñador industrial como emprendedor, como empresario. Un emprendedor que diseña su empresa y diseña su producto de forma simultánea que arriesga su capital y su saber industrial, interviene en las distintas fases y funciones: imagina la idea, da forma a la idea, boceta en 2D y en 3D, elije materiales, determina procesos, establece sistemas, realiza estudios de mercado, selecciona la tecnología, establece canales de comercialización, abre nichos de mercado con el recurso del neuromanegement. En fin, realiza un trabajo globalizador como diseñador industrial emprendedor. Se posiciona su liderazgo como profesional del futuro en la 4RI.

Como emprendedor el diseñador industrial asume una visión estratégica porque dota de misión y visión a su empresa, diseña el futuro que desea para su emprendimiento, utiliza técnicas como el DOFA para evaluar el escenario, establece metas a corto, mediano y largo plazo, sabe tomar decisiones asertivas, establece estrategias ante la competencia, crea liderazgo y aprovecha las ventanas de oportunidad como mecanismos de ventaja comparativa en los negocios con proveedores, clientes y *firmas comerciales*.

Cada sector de producción es distinto, no es lo mismo producir tornillos que producir cajas de cartón, cada rama industrial tiene sus singularidades, esto lo sabe muy bien el diseñador industrial. Al elegir un material para un determinado producto, proceso o sistema, se elije automáticamente un sector y rama de la producción, esto significa para el diseñador industrial emprendedor asumir los compromisos, desarrollos, formas, problemas y retos existentes de ese ámbito industrial.

La experiencia que se presenta en este libro se ubica en el campo de los polímeros o materiales de plástico, porque se planteó la creación de una empresa de plástico que se denominó Diseño Plástico, S.A. de C.V. ¿Por qué se eligió un emprendimiento en el sector de polímeros o materiales de plástico? Por una razón técnica y económica:

"Los productos hechos con materiales plásticos pueden producirse rápidamente con tolerancia dimensional exactas y excelentes acabados en las superficies, Con frecuencia has sustituido a los materiales en los casos en que han de ser cualidades esenciales, la ligereza de peso, la resistencia a la corrosión y la resistencia dieléctrica son factores para ser considerados. Estos materiales pueden hacerse ya sea transparentes o en colores, tienden a absorber vibración, sonido y a menudo son más fáciles de fabricar que los metales".

Al considerar factores como los mencionados, la diseñadora industrial emprendedora –quien escribe este libro- se sumergió en el mundo de los polímeros. Ha sido un trabajo invaluable porque se transitó a un nuevo saber con la conjugación entre la experiencia desarrollada con el saber adquirido en la formación académica. Los polímeros se convirtieron no solo como el material del emprendimiento sino sobre todo en eje de vida de una servidora.

El libro ofrece una mirada al universo de los polímeros, aquí se anotan los métodos de fabricación como el *Hand Lay Up, Spray Up, Matched Die Molding, Cold Press Molding, Resin Transfer Molding, Foam Reservoir Molding, Filament Winding*, el de asperción, entre otros. Se menciona el flujo de producción o proceso de fabricación junto con la simbología de las funciones y tareas. Los tipos de polímeros y su manejo junto con sus ventajas y desventajas. Todo lo relacionado al producto se trabaja de forma puntual.

No solo la parte técnica y tecnológica se trabaja en el libro. La parte de la creación de la empresa, la tarea de administración y gestión del diseñador industrial emprendedor queda ilustrada con esta experiencia. Desde la concepción de la empresa hasta la salida del producto se expone de forma clara y sencilla. Uno comprende lo fácil que puede resultar un emprendimiento cuando se consideran todos los aspectos que presenta esta experiencia, uno se motiva para arriesgarse como emprendedor.

Los lectores tiene en sus manos un libro producto de una experiencia que ha sido escrito con detalle, cada quien puede sacar sus propias conclusiones, lo que puede ser compartido por todos de forma unánime es que el libro ofrece una motivación para que el diseñador industrial se anime a explorar su faceta como emprendedor. El contexto de la 4RI le ofrece al diseñador industrial una oportunidad dorada porque él tiene el *saber en mano* de lo que requiere la industria y cuenta con los recursos de conocimiento para llevarlo a la práctica real. Disfruten la lectura nacientes empresarios.

Agradecimientos

A René: científico, sabio, pedagogo y
maravilloso ser humano.

A DPSA, aún hay mucho por venir…

Índice

Capítulo 1
El profesionalismo del diseñador en la 4RI

Se ha denominado 4RI al movimiento disruptivo proveniente de los sistemas de producción que ha partir de los primeros años del siglo XXI han modificado los sistemas sociales y la forma de vida de los individuos: La Cuarta Revolución Industrial. La naturaleza de esta revolución, tal como su nombre así la describe, es que es dominantemente tecnológica y donde la centralidad son los bienes de producción y el sistema de consumo. Por tanto, y tomando en cuenta que la humanidad del siglo XXI está presenciando un grado de avance tecnológico-científico que permea la cultura objetual y que se traduce en las experiencia de vida de los usuarios de los productos de diseño; que los define, los figura y los configura a través del uso de elementos físicos, digitales y biológicos, esta investigación da respuesta a las preguntas: ¿Cómo es la acción profesional emprendedora del diseñador industrial en el contexto industrial de una ciudad, ubicada en el centro de un país emergente como México? ¿Cómo es el emprendedurismo del diseñador industrial? Para ello, se acota la acción profesional del diseñador industrial emprendedor como una de las formas en las que la institución educativa está conduciendo al profesionista para el ejercicio profesional. En los siguientes párrafos se da cuenta del estudio que se llevó en una empresa de tipo Sociedad Anónima de Capital Variable, formada por diseñadores industriales con capital propio y como respuesta a las necesidades de dar un servicio a la industria mexiquense desde los conocimientos del profesionista de diseño y como una forma de autoempleo.

En resumen, se observa y se analiza la acción profesional del diseñador industrial, de forma particular, sus acciones desde su talento emprendedor.

PROFESIÓN Y PROFESIONALISMO EN EL DISEÑO INDUSTRIAL, DI - 4RI

Una breve reseña histórica

La Primera y Segunda Revolución Industrial[1], de los siglos XVIII y XIX, marcan un hito en la historia de la humanidad, porque a la par de consolidar al sistema capitalista traen consigo, entre otras cosas, los oficios como actividades laborales, dando origen al germen del desarrollo de las profesiones. Una de las actividades que deriva de esos momentos históricos, y que más tarde, en el siglo XX, se convierte en profesión formal es, con precisión, el diseño industrial.

En el lenguaje de las invenciones, el diseño industrial es sin duda una invención de las revoluciones industriales[2]. Desde su perspectiva material, la historia del diseño inicia con la invención y uso de la máquina de vapor de James Watt en 1782 y con el telar[3] propuesto por James Cartwright y perfeccionado más tarde por Joseph Marie Jacquard en 1801 (Fugellie, 2015); se consolida más tarde con el sistema de producción fordista y el Modelo T. En su perspectiva abstracta, fue hacia los albores del siglo XX, desde la solidaridad

---

[1] Las revoluciones industriales se han caracterizado por considerar al menos tres elementos: la tecnología, la ciencia y los sistemas de producción. Desde la primera hasta la cuarta, estos elementos han estado presentes.

[2] Se aprecia que, en relación con la 4RI, el diseño industrial como profesión es una continua reinvención.

[3] A finales del siglo XVIII y principios del XIX se desarrollaron algunas invenciones mecánicas, utilizadas fundamentalmente en la industria textil, entre las que destacan la hiladora giratoria de Hargreaves hacia 1770, la hiladora mecánica de Crompton en 1779, el telar mecánico de Cartwright 1785 y el telar de Jacquard en 1801, considerado como una de las primeras computadoras ya que utilizaba tarjetas perforadas que propiciaban el uso y la variedad de los diseños en la hilatura. UNIZAR, (2017).

orgánica del positivismo de E. Durkheim (2002), al respecto de la división del trabajo social, hasta los aportes a la organización científica del trabajo de Taylor y Fayol (2000), donde se demarca la necesidad de organizar el trabajo al interior de los grupos sociales, micro –como las empresas- y macro –como las sociedades-. Con ello, se observa continuidad en las especializaciones de cada una de las tareas lo cual propicia la atención científica hacia las actividades profesionales, antiguamente incipientemente perfiladas durante la época feudal de los siglos XV, por las artes y los oficios. El nuevo siglo da inicio a la formalización del término profesión, reconociéndose, según la Real Academia Española (citado en Reyes y Pedroza, 2014, p.13), como la acción y efecto de profesar; con ello la formalización y el nacimiento de nuevas profesiones.

Profesión y profesionalismo

El concepto de profesión en la sociología es mucho más abstracto, porque se ha estudiado desde diversos enfoques que van desde la teoría económica de Max Weber (2002), hasta la teoría de la complejidad propuesta desde el País Vasco por Urteaga (2008), por citar sólo un par de ejemplos. Se retoma para este análisis el término acuñado por Reyes y Pedroza (2015), con enfoque desde la teoría sistémica y que considera a la profesión como un sistema humano de acción, un sistema de la sociedad que se estructura y se determina en el marco de un conjunto de relaciones definidas por unidades de acción interrelacionadas en un proceso en donde intervienen individuos, medios, intenciones y fines. Para los autores la profesión es un subsistema de la acción profesional. Por lo tanto el profesionalismo es un subsistema de la profesión y representa un acto unidad, aunque no es su estructura más pequeña, y que se orienta hacia la cultura, la sociedad o al elemento físico, en el caso del diseño a la cultura material, en si los objetos, estructuras físicas.

En este sentido, los elementos analíticos que definen el abordaje sistémico del objeto de estudio de las profesiones, respetan la propuesta del paradigma parsoniano de la acción, aquí, la profesión es definida por Reyes y Pedroza como: Un subsistema de acción humana ubicado dentro de un ambiente cultural-objetual sistémico estructural y procesual, ordenado a partir de relaciones e interacciones, en donde los medios, las intenciones y las finalidades se entretejen definiendo al objeto -la profesión-. Del mismo modo, para los autores, el profesionalismo implica "la cualificación –valoración– que se otorga a la acción humana profesional." (2015, p.40)

La profesión del diseño industrial es un sistema particular del sistema de acción profesional, por ello se denomina subsistema, ya que se rige por la estructura y el proceso definido por el sistema humano de acción, esto se explica a partir de la Tabla 1:

Sistemas primarios de acción (SPA)	Función del SPA
• Social	• Interacción con otros
• Cultural	• Patrones establecidos
• Conductual	• Adaptación al medio
• Personalidad	• Logro de metas

Tabla 1. El sistema humano de acción.
Elaboración a partir de Reyes y Pedroza, (2015).

La profesión del DI surge a partir de los patrones establecidos culturalmente a través del tiempo, esto es tangible al estudiar las Cuatro Revoluciones Industriales, en donde se hace evidente la necesidad de expresar y satisfacer necesidades a partir de los objetos de uso, respetando el gusto en estilos de acuerdo al avance tecnológico del momento. Sí se analiza la acción profesional del la 2RI, del siglo XX y la 4RI del siglo XXI, se observará la diferencia de los patrones culturalmente establecidos. Mientras la primera exploraba estilos de diseño, se adaptaba a la producción industrial entre lo artístico proveniente de las *Arts and Crafts*[4] (Bhaskaran, 2007, pp. 24-25), (Fugellie, 2015), las limitaciones tecnológicas devenidas de las primeras máquinas y, el condicionamiento de los sistemas de venta y distribución, mucho más locales y al mismo tiempo con la gran diversidad de la estética artística de los primeros diseñadores influenciados por los movimientos artísticos precedentes, -como *Art Déco*, *Art Noveau*, *Barroco*, etc.;- y la búsqueda de asumir una identidad profesional de acuerdo a sus saberes; la segunda -la 4RI-, se debe adaptar a proponer diseño en donde se use y se incorpore la tecnología de lo digital, lo físico y lo biológico (Schwab, 2017), además del estilo como síntesis del saber estético cultural amplio y diverso de los años anteriores, desde el esteticismo del Reino Unido de 1900, hasta el deconstructivismo[5] francés del año 2000 (Bhaskaran, 2007, pp.10-11).

---

[4]   Arts and Cratfts, en su traducción al español significa Artes y oficios. Es el nombre que se da al movimiento cultural y artístico surgido en el siglo XIX como respuesta a la maquinización y a las nuevas formas de producción provenientes de la naciente industria fabril. Este movimiento influenció las distintas expresiones artísticas: pintura, arquitectura, los objetos: como el mobiliario, entre otros.

[5]   Corriente de diseño surgida hacia fines de la década de los años ochenta y que sobre todo se ha manifestado en la arquitectura y en el diseño de interiores. Sus características son: formas rotas, recortadas, retorcidas, no ornamentadas. Estilo que desafía, expone, rechaza el ornamento, el historicismo, usa elementos para sugerir múltiples interpretaciones. El concepto deriva de la propuesta de método de crítica de Jacques Derridá (Bhaskaran, 2017).

La acción profesional del diseñador industrial es tan dinámica y diversa como los mismos cambios que surgen día a día. Sí existe una profesión que debe actualizarse –a diario-, es la profesión del diseño industrial, porque la industria es su esencia. La industria del siglo XIX y XX estuvo definida por los elementos mecánicos, fábricas con chimeneas, el inicio de la uniformización, especialización, sincronización, concentración (Toffler, 1998), la industria actual sienta sus bases en tecnología de punta: en los sistemas físicos, digitales y biológicos que definen los objetos y se centran no únicamente en el uso, sino en reproducir experiencias en los usuarios nunca antes vistas, ejemplos de ello: el Internet de las cosas o (IoT por sus siglas en inglés); la impresión 3D, que configura y da forma a los objetos sin que intervenga la mano del hombre; la realidad virtual y la realidad aumentada; los sistemas GPS, incorporados a los dispositivos móviles que nos indican cómo ubicar y arribar a un destino enviando un par de datos por la red de comunicación digital; el avance en la digitalización como indica Brynjolfsson y McAfee (2016), ha tenido tasas de innovación más altas y nuevas formas de adquirir conocimiento, de hacer ciencia, esto sin duda afecta o beneficia al diseño.

Estamos en la era de los objetos, de los sistemas de experiencia producidos por las innovaciones tecnológicas: Robots que cada día se acercan más a la naturaleza humana y son capaces de realizar tareas cada vez más específicas y con mayor precisión. La profesión del diseño está aquí, en éste momento de la carrera humana. Los diseñadores industriales, de forma interdisciplinaria con otros especialistas se encargan y encargarán con su actuar profesional de configurar y definir objetos, experiencias y sistemas (WDO, 2017) que beneficien a sus congéneres.

Desde la Primera Revolución Industrial y hasta la Cuarta
Revolución Industrial, la era moderna se ha caracterizado por los
cambios de gran dinamismo en la estructura de las sociedades,
la profesión del Diseño Industrial es uno de esos cambios
dinámicos que se produjeron a partir de estos cuatro movimientos
paradigmáticos. Aunque como actividad, el diseño ha estado latente
en todo el proceso histórico de la existencia de la humanidad, es
hasta el siglo XV con la obra de Leonardo da Vinci (Müntz, 2012)
que el diseño inicia de forma profesional —sin ser denominado
diseñador industrial-, porque Leonardo, contratado por el milanés
Ludovico Sforza intercambia sus productos profesionales por
recursos económicos que le permiten satisfacer sus necesidades
personales. A Leonardo se le reconoce en el gremio del diseño
como: *el primer diseñador*, por lo compleja y acabada de su obra en la
parte estética y en la parte técnica, también se le considera artista,
ingeniero, arquitecto y científico. Leonardo es considerado el más
grandioso de los inventores de la humanidad, sin duda, el primer
profesional creativo.

Como lo menciona Bhaskaran: "Desde el arte hasta la arquitectura,
pasando por el diseño de muebles y las artes gráficas, el diseño se ha
convertido en un fenómeno universal durante el siglo XXI (…) el
diseño se ha hecho omnipresente." Y es así, la profesión del diseño es
tan omnipresente como actual, no hay objeto cotidiano que no haya
sido pensado en términos de diseño, en donde la estética, la forma, el
uso, la función, el proceso de producción y la experiencia de usuario
sean considerados (2007, p.8).

EL DISEÑADOR INDUSTRIAL EMPRENDEDOR

Para Alejandro Delgado (2017), presidente del Instituto Nacional del Emprendedor (INADEM), el emprendedor de la 4RI del siglo XXI, debe poseer las características que requiere este nuevo tipo de industrias 4.0[6], con visión dirigida al desarrollo y a la innovación, con talentos emprendedores que consideren las nuevas líneas de acción que se requieren para competir en los mercados tecnológicos actuales, con productos y servicios accesibles configurados a través de plataformas digitales, imprescindibles en la época actual que es de naturaleza cien por ciento digital. Los emprendedores que deseen ser competitivos en su mercado deben incorporar los medios físicos, biológicos y digitales (Schwab, 2017), que faciliten sus emprendimientos para obtener el éxito deseado fusionando la gestión con el neuromanagement. En esta visión, el emprendedor debe ser un asiduo buscador de oportunidades, siempre ágil y atento a lo que observa en su entorno para trasladarlo al producto, bien o servicio que ofrece satisfaciendo las expectativas de sus clientes o consumidores.

En términos de la formación profesional, la academia, principal responsable de perfilar desde la enseñanza las primeras acciones que influyan en la formación de profesionistas emprendedores debe comprender con exactitud esta visión, porque de ella depende el mayor éxito en los emprendedores nacientes, desde su acción la academia visualiza e inculca, moldeando al emprendedor del futuro.

---

[6] Industria 4.0 es el término análogo que define a la Cuarta Revolución Industrial, en este documento estamos abreviando, también, como: 4RI.

El actual plan curricular de la Facultad de Arquitectura y Diseño de la Universidad Autónoma del Estado de México (UAEM, 2015) analiza la trayectoria que ha tenido la profesión del diseño en la institución las últimas cuatro décadas, en este plan se observa una postura de formación profesional orientada sobre todo a la formación para la inserción laboral en la empresa, esto es comprensible dada la historia de la economía mexicana y su bajo desarrollo tecnológico. El análisis sostiene que el diseño se puede describir de la siguiente forma:

- El DI es una actividad creativa
- El DI eleva la calidad de vida
- El DI Propone trabajo colaborativo y estratégico con organizaciones
- El DI crea conciencia crítica
- El DI interviene en las empresas, consultoría, docencia, e investigación
- Diseño de productos, servicios y sistemas
- El DI con perspectiva de ingeniería y funcionalidad
- El DI se inserta en diferentes modos y sectores de producción
- El DI es un factor de innovación
- El DI forma con sustento teórico-práctico
- El DI forma tecnológica, artística y estéticamente
- El DI tiene compromiso con el desarrollo sustentable
- El DI tiene espeto a las costumbres y culturas
- El DI forma para el desarrollo de emprendedores
- El DI combina ergonomía, tecnología y estética.

Dentro de estos elementos descriptivos de la disciplina, se encuentra a la formación para el desarrollo de emprendedores. Este estudio sostiene que efectivamente, los diseñadores resultan ser emprendedores una vez terminada su formación profesional. ¿por qué? y ¿en qué medida? Son preguntas de otra investigación. Importa en esta investigación que, efectivamente, la institución educativa, la formación profesional en México –en este caso en la entidad federativa del Estado de México- si se esta otorgando, dentro del modelo de formación profesional, el de emprendedores.

ADMINISTRACION DE LA EMPRESA 4RI Y NEUROMANAGEMENT

Concepto de Administración

El concepto de administración es definido por Stoner, Freeman y Gilbert como el proceso de planear, organizar, liderar y controlar el trabajo de los miembros de la organización y de utilizar todos los recursos disponibles de la empresa para alcanzar objetivos organizacionales establecidos (1996). El administrar es el obtener mediante esfuerzos compartidos y direccionados objetivos previamente trazados, en cualquier esfera de la vida cotidiana. Para Laudoyer, el administrar una empresa es conducirla hacia objetivos que se han asignado en el marco de una política concertada, llevándolos a la realización por los responsables con los recursos que le son confiados (1993). Esta concepción de la administración hoy en el siglo XXI, es impensable sin una política estratégica en un mundo globalizado, con una dinámica de mercado basada en la dinámica de los adelantos tecnológicos, de nuevos materiales y de las disposiciones emocionales de los consumidores; por tanto, hoy la administración introduce los adelantos de la psicología cognitiva y afectiva con la aplicación del neuromanagement.

Concepto de empresa

También el concepto de empresa como una entidad económica destinada a producir bienes/servicios, venderlos y obtener beneficios, donde esta actividad de algún modo satisface las necesidades del hombre en la sociedad, está cambiando; además, de producir bienes y servicios, ahora responder a los "deseos" del consumidor, por lo que se constituye en una entidad que diversifica la oferta afectiva del consumo.

En la empresa se materializa la capacidad intelectual, la responsabilidad y la organización, las condiciones o factores indispensables para la producción; además promueve el crecimiento y el desarrollo a través de los nuevos medios que proporciona la 4RI.

El Proceso administrativo de una empresa

Los componentes esenciales que constituyen las principales etapas del proceso administrativo en una empresa son: planeación, organización, dirección y control (Koontz, O´Donnell y Weihrich, 1998).

Planeación: La función de la planeación es buscar influir en el futuro tomando acciones predeterminadas y lógicas en el presente, por lo que representan la esencia de una operación efectiva. Las actividades básicas que involucra la planeación son:

• Elaboración de la planeación;

- Determinación de objetivos y metas -generales y particulares- para cada área; Preparación de métodos, estrategias, opciones, políticas y procedimientos;
- Formulación de programas y presupuestos que contribuyan a alcanzar los objetivos y metas trazadas a corto y largo plazo.

En el caso del proceso de planeación prospectiva, según Miklos (2015), se contemplan cuatro etapas dentro de su marco metodológico, éstas son:

- Normativa. En esta etapa se plantean dos situaciones:
  a) El futuro que se desea y
  b) Definir la situación de la empresa, sí se continuase en la dirección actual.
- Definicional. Conocimiento de la situación actual de la empresa, sus principales características y sus interacciones internas y externas.
- Confrontación estratégica y factibilidad. Con base en el futuro deseable seleccionado y la identificación de la trayectoria construida a partir de la realidad actual, se procede a contrastar ambos polos, lo que servirá para conocer y analizar la distancia entre ambos.
- Convergencia. Determinación de los puntos de convergencia entre el futuro deseado y la situación actual, y definición de la orientación global para que el futuro de la empresa sea alcanzable.

Organización: La organización contribuye a ordenar los medios para hacer que los recursos humanos trabajen unidos en forma efectiva hacia el logro de los objetivos generales y particulares de la empresa. La organización conlleva una estructura que debe considerarse como un marco que encierra e integra las diversas funciones de la empresa de acuerdo con un modelo que sugiere orden, arreglo y relación armónica. La planeación y la organización son funciones mediante las cuales no se logra materialmente el objetivo, sino que ponen en orden los esfuerzos y formulan la estructura adecuada y la posición relativa de las actividades que la empresa habrá de desarrollar. La organización relaciona entre si las actividades necesarias y asigna responsabilidades a quienes deben desempeñarlas. Las actividades básicas relativas a la función de organización son aquellas que se refieren a:

- La asignación de recursos -humanos, financieros y materiales-
- Las actividades -cómo-
- Los responsables -quién-
- Los tiempos -cuándo-
- Determinación de grados especialización y división del trabajo -comercialización, producción, compras, personal-
- Establecimiento de jerarquías -relaciones de autoridad y responsabilidad-
- Asignación de funciones
- Determinación de tramos de control
- Diseño de estructura organizacional,
- Elaboración de manuales de organización, políticas, procedimientos entre otros (Koontz, Weihrich y Cannice, 2012).

Dirección: La función de la dirección tiene como propósito fundamental el impulsar, coordinar y vigilar las acciones de cada miembro y grupo que integra la empresa, con el fin de que dichas actividades en conjunto se hayan llevado a cabo conforme a los planes establecidos. Esta función depende de las siguientes etapas:

- Autoridad: Corresponde a la forma en que se delega y se ejercen las acciones durante el desarrollo de las actividades y búsqueda de los objetivos y metas planeadas.
- Comunicación: Es la forma en la que se establecen los canales de comunicación y fluye la comunicación al interior y exterior de la empresa.
- Supervisión: Verificar que las actividades se lleven a cabo conforme se planeó y de organizó.

Las actividades básicas que comprenden la función de la dirección son:

Determinación de lo que debe hacerse: la planeación; establecer el cómo se deberán llevar a cabo las actividades de la empresa: la organización; vigilar lo que debe hacerse: el control.

Liderazgo y motivación

Liderazgo. Según Koontz et al. (2012), el liderazgo es la capacidad o habilidad que tiene una persona para convencer a otros de que traten de alcanzar determinados objetivos. El líder es aquella persona con poder para influir en la conducta de otros para el logro de ciertas metas. La fuente de esta influencia o poder puede ser formal, como la que proviene del lugar o puesto que se tiene en una empresa: por ejemplo el gerente, en virtud de su posición, asume un rol de liderazgo.

El liderazgo también puede ser informal, como cuando el empleado puede convencer a sus compañeros que observen una cierta conducta, sin ser su jefe. No todos los líderes son jefes o gerentes o supervisores, como tampoco todos los jefes, gerentes o supervisores por el solo mando son líderes. Nada garantiza que puedan dirigir a su gente. La habilidad para persuadir a otros, independientemente de la posición formal que se ocupe en la empresa, es importante e incluso en algunos casos más importante que la formal. Para el empresario o para el jefe, lo ideal sería que poseyera ambos: el liderazgo formal, pero también el informal. En la teoría administrativa se han definido distintos estilos básicos de liderazgo, estos son: Autoritario, paternalista, Consultivo y Democrático.

El líder autoritario: Es el que no tiene confianza en sus empleados. El toma las decisiones y fija los objetivos. A los subordinados sólo les gusta obedecer. Crea una atmósfera de miedo, de amenaza, de castigo. En su comunicación con los empleados, el líder autoritario se limita a dar órdenes. Las repercusiones de ejercer este liderazgo con los subordinados son: Sentimiento de temor: hostilidad y resentimiento, hay fuerte insatisfacción de los subordinados con su trabajo, sus compañeros, su jefe y la empresa, no hay trabajo en equipo y existe resistencia oculta a ejecutar órdenes.

El líder paternalista: Tiene confianza condescendiente con sus empleados, como la de un padre con sus hijos. Él toma la mayor parte de las decisiones y le deja tomar algunas a sus empleados en asuntos de poca trscendencia. Acepta algunos comentarios a sus órdenes. Da recompensa y castigo. Controla todo lo fundamental. Los subordinados se relacionan con él con precaución. Poco promueve el trabajo en equipo. Las repercusiones de ejercer este liderazgo con los subordinados son:

- La motivación principal es el dinero y el poder
- Los empleados no se sienten responsables del logro de los objetivos
- Suele haber insatisfacción con el trabajo
- Hay aceptación abierta de los objetivos pero también resistencia clandestina

El líder consultivo: Este tipo de líder crea un clima participativo y tiene confianza en sus empleados. Aunque la mayor parte de las decisiones importantes las toma él, permite que los empleados tengan su espacio propositivo. Reconoce las cualidades, los logros y los esfuerzos de sus empleados y los premia. Éstos tienen confianza en el líder. Promueve la responsabilidad y su liderazgo asume la forma de objetivos por alcanzar. Las repercusiones de ejercer este liderazgo con los subordinados son:

- Los empleados observan actitudes generalmente favorables a la empresa y se sienten responsables también de lo que hacen
- Hay buena satisfacción en el trabajo
- Hay buen nivel de confianza
- Hay aceptación abierta de los objetivos, y rara vez, resistencia

El líder democrático: El líder tiene plena confianza en sus empleados y trabaja en equipo. También ellos tienen plena confianza en su líder y se sienten muy identificados con la empresa. La toma de decisiones es responsabilidad de todos. El líder democrático promueve la comunicación en todos los niveles, involucra a los empleados en la búsqueda, definición y logro de los objetivos. Las repercusiones de ejercer este liderazgo con los subordinados son:

- Relación mutua de confianza
- Los empleados se motivan por la participación en la fijación de objetivos y se sienten responsables de su logro
- Trabajan como equipo con el líder
- Hay plena aceptación de los objetivos
- La comunicación es muy buena

Motivación: La motivación es el concepto que se emplea para explicar la intensidad y la dirección de algunas conductas de las personas. La motivación es el proceso que impulsa a la persona a tener conductas sostenidas y orientadas a conseguir determinadas metas. La motivación implica que la persona tiene una meta que desea alcanzar y está dispuesta a hacer mucho esfuerzo para conseguirla. Este esfuerzo está orientado, es decir tiene una dirección, y ésta dirección permite a la persona valorar sí las conductas o comportamientos para ello observados son adecuados o no para lograr una meta. La persona esta dispuesta a ejercer ese esfuerzo de manera sostenida, hasta que logre su objetivo. Por eso es un proceso, se inicia con una necesidad insatisfecha que despierta el deseo de satisfacerla e inicia las conductas para lograrlo (Davis y Newstrom, 2008).

La motivación en la empresa: La motivación en la empresa es la voluntad que tienen los empleados de hacer un esfuerzo encaminado a alcanzar las metas de la organización, condicionando dicha voluntad a la posibilidad de satisfacer alguna necesidad individual.

Primera etapa:

NECESIDAD INSATISFECHA

Segunda etapa:

SURGIMIENTO DE LA TENSIÓN

Tercera etapa:

ACTIVACIÓN DE LOS IMPULSOS

Cuarta etapa:

CONDUCTA ORIENTADA

Quinta etapa:

SATISFACCIÓN DE LA NECESIDAD

Sexta etapa:

REDUCCIÓN DE LA TENSIÓN

Esquema 1. *El proceso de motivación.* (Palomo, 2011)

Control: El proceso de control contribuye a asegurar que se alcancen los objetivos en los plazos establecidos y con los recursos planeados, proporcionando a la empresa la medida de la desviación que los resultados puedan tener respecto a lo planeado. Le corresponde también, señalar niveles medios de cumplimiento: establecer niveles aceptables de producción de los trabajadores, tales como cuotas mensuales de producción para los operarios y ventas para los vendedores, así mismo verificar el desempeño a intervalos regulares – día, semana, mes-; Determinar sí existe alguna variación de los niveles medios reales respecto a los establecidos y sí existiera una variación, tomar medidas correctivas, tales como un entrenamiento o mayor instrucción. Sí no existe variación, continuar con la actividad.

Las actividades básicas del proceso de control son:

Establecer indicadores y estándares de control	Ventas, costos, productividad, calidad, competitividad.
Medir y juzgar lo que se ha realizado	Análisis de datos estadísticos, informes contables, informes de producción.
Comparar lo realizado contra lo planeado para definir sí existen diferencias	Evaluación del funcionamiento, inspección, localización de faltas
Establecer medidas correctivas	Ajustes para alcanzar lo planeado.

Tabla 2. *Las actividades básicas del proceso de Control.*
Elaboración a partir de Davis y Newstrom, (2008)

Con el paso de los años se han desarrollado mejores métodos de control, dirección y administración de las empresas. Algunas de las herramientas que están utilizando las empresas para mejorar su desempeño son: el Neomanagement, la Gestión empresarial, la Administración de la calidad total y la Reingeniería de procesos de negocios.

La 4RI y la cultura empresarial, un nuevo paradigma

Sí bien los anteriores en su mayoría son los paradigmas clásicos de la cultura empresarial, no dejan de estar vigentes en la mayoría de las empresas. En el año actual (2018), en el paradigma de la 4RI se observan algunos elementos que están moviendo a las organizaciones y obligándolas a transitar a otros formatos.

Modelo antiguo	Modelo nuevo
• Responsabilidad Personal.	• Responsabilidad colectiva.
• Poca Tecnología	• Mucha tecnología
• Trabajo – obligación.	• Trabajo desarrollo personal.
• Empleo inestable corto plazo.	• Empleo estable largo plazo.
• Un director – dictador.	• Un líder – director.
• Administración centralizada.	• Administración descentralizada.
• Decisiones arriba hacia abajo.	• Decisiones en ambos sentidos.
• La calidad es responsabilidad del área	• La calidad es responsabilidad de todos.
• Especialidad de por vida.	• Dominio de varias áreas.
• Administración por áreas funciónales independientes.	• Administración interdepartamental o por procesos.
• Sistema autoritario.	• Sistema de consenso.
• Organización rígida.	• Organización flexible.
• Economías nacionalistas.	• Economías globalizadas.
• Explotación irracional de los recursos naturales.	• Respeto al ecosistema.
• Mercado de vendedores.	• Mercado de compradores.
• Competencia limitada – pasiva.	• Competencia amplia – agresiva.
• Información limitada – lenta.	• Información amplia – rápida.
• Cambios moderados	• Procesos de mejora continua
• Calidad del producto	• Calidad integral
• Empresas individuales	• Alianzas estratégicas
• El cliente en segundo término	• El cliente es primero
• Pedir crédito a los proveedores	• Financiar a los proveedores
• Libertad restringida	• Libertad creativa
• La empresa ofrece	• Cliente decide qué y cómo lo quiere
• Baja cultura organizacional	• Alta cultura organizacional

Tabla 3. *Nuevo paradigma de la cultura empresarial.*

Tomado de Gestiopolis, (2017)

Tipos de empresa

De acuerdo a la Secretaría de Economía (SE, 2017), la empresa como ente económico se clasifica de acuerdo a diversos criterios o factores:

a) Criterio económico: Clasifica a las empresas en función de su volumen de facturación, es decir, de los ingresos obtenidos por las ventas.

b) Criterio técnico: Es el nivel tecnológico, esto es la innovación en capital.

c) Criterio patrimonial: Se basa en el patrimonio que las empresas tienen: bienes, derechos y obligaciones.

d) Criterio organizativo: Se refiere al número de trabajadores de la empresa y a su organización.

Microempresas: Las microempresas son todos aquellos negocios que tienen menos de 10 trabajadores, generan anualmente ventas hasta por 4 millones de pesos y representan el 95 por ciento del total de las empresas y el 40 por ciento del empleo en el país; además, producen el 15 por ciento del Producto Interno Bruto.

Pequeñas empresas: Las pequeñas empresas son aquellos negocios dedicados al comercio, que tiene entre 11 y 30 trabajadores o generan ventas anuales superiores a los 4 millones y hasta 100 millones de pesos. Son entidades independientes, creadas para ser rentables, cuyo objetivo es dedicarse a la producción, transformación y/o prestación de servicios para satisfacer determinadas necesidades y deseos existentes en la sociedad.

Medianas empresas: Las medianas empresas son los negocios dedicados al comercio que tiene desde 31 hasta 100 trabajadores, y generan anualmente ventas que van desde los 100 millones y pueden superar hasta 250 millones de pesos. Son unidades económicas con la oportunidad de desarrollar su competitividad en base a la mejora de su organización y procesos, así como de mejorar sus habilidades empresariales. Entre sus características también posee un nivel de complejidad en materia de coordinación y control e incorpora personas que puedan asumir funciones de coordinación, control y decisión; lo que implica redefinir el punto de equilibrio y aumentar simultáneamente el grado de compromiso de la empresa.

Grandes empresas: Se consideran grandes empresas a aquellos negocios dedicados a los servicios y que tienen desde 101 hasta 251 trabajadores y tienen ventas superiores a los 250 millones de pesos. Una gran empresa tiene entre sus características, sobrepasar una serie de límites ocupacionales o financieros, los cuales, dependen de cada país. Se compone de la economía de escala, la cual consiste en ahorros acumulados por la compra de grandes cantidades de bienes y entre sus ventajas está la facilidad de financiamiento que da mayor garantía a las empresas del pago de sus deudas y sus barreras de entrada son relativamente escasas debido a la gran cantidad de mano de obra.

Empresas sociales: La Secretaría de Economía, a través del Fondo Nacional de Apoyo para las Empresas en Solidaridad (FONAES), atiende las iniciativas productivas, individuales y colectivas, de emprendedores de escasos recursos mediante el apoyo a proyectos productivos, la constitución y consolidación de empresas sociales y la participación en esquemas de financiamiento social. La SE a través de

FONAES promueve y fomenta beneficiarios de las empresas sociales para que: se constituyan en empresas sociales, potencien su capital social, desarrollen sus habilidades y adopten nuevas tecnologías, se integren en equipos y sociedades de trabajo, constituyan figuras asociativas de segundo y tercer nivel que promuevan su integración a cadenas de valor, se organicen para generar sus propios esquemas de capitalización y financiamiento, e impacten en el desarrollo local y regional.

Forma de Organización	Requisitos y Costos	Obligaciones de los dueños	Continuidad de la empresa	Cambio de Propiedad	Control y Dirección	Facilidad para reunir capital	Impuesto sobre beneficios
Propiedad	Requisitos mínimos: por lo general no se pagan cuotas de registro.	Responsabilidad limitada	Termina con el fallecimiento del dueño	Cambian de dueño, el nombre y los bienes de la empresa	Total libertad para su control y dirección	Basada en la riqueza del dueño	Los impuestos se gravan sobre el ingreso del dueño
Sociedad	Requisitos mínimos: por lo general no se pagan cuotas de registro. Acuerdo de sociedad por escrito	Responsabilidad limitada	Termina con el retiro o fallecimiento de uno de los socios, lo contrario puede especificarse en el acuerdo de sociedad	Requiere del consentimiento de todos los socios	Toma de decisiones por mayoría de votos	Limitada a la disposición y capacidad de los socios	Los impuestos se gravan sobre el ingreso de los socios
Sociedad limitada	Requisitos moderados. Certificado necesario	Socios mayoritarios: responsabilidad limitada Socios minoritarios: equivale a su inversión en la empresa	Socios mayoritarios: su retiro o fallecimiento las disuelve. Socios minoritarios: no afectan	Socios mayoritarios: de igual manera que en la sociedad. Socios minoritarios: pueden vender sus intereses	Socios mayoritarios: de igual manera en la sociedad. Socios minoritarios: no se les permite su participación en el manejo y la dirección	Socios mayoritarios: de igual manera en la sociedad. Socios minoritarios: su responsabilidad limitada favorece una mayor contribución	Socios mayoritarios: Minoritarios: de igual manera que en la sociedad
Corporación	Muy costosa, son necesarios requisitos. cuotas de registro y están sujetas a regulaciones gubernamentales	Equivalente a su inversión en la empresa	La continuidad de la empresa no se ve afectada por retiro o fallecimiento de los accionistas	Fácilmente por medio de la compra-venta de acciones	Los accionistas tienen la última palabra, pero la junta directiva quien controla las políticas de la empresa	Una de las formas de organización a la que se le facilita más reunir capital	Los impuestos se gravan a nivel corporativo
Corporación S	Muy costosa, son necesarios requisitos. cuotas de registro y están sujetas a regulaciones gubernamentales	Equivalente a su inversión en la empresa	La continuidad de la empresa no se ve afectada por retiro o fallecimiento de los accionistas	Fácilmente por medio de la compra-venta de acciones. Sin embargo, es difícil encontrar compradores.	Los accionistas tienen la última palabra, pero la junta directiva quien controla las políticas de la empresa	Una de las formas de organización a la que se le facilita más reunir capital	Los impuestos se gravan sobre el ingreso de los accionistas
Compañías con responsabilidad Limitada	Muy costosas, son necesarios requisitos. cuotas de registro y están sujetas a regulaciones gubernamentales	Equivalente a su inversión en la empresa	La continuidad de la empresa no se ve afectada por retiro o fallecimiento de los accionistas	Fácilmente por medio de la compra-venta de acciones. Sin embargo, es difícil encontrar compradores.	Los accionistas tienen la última palabra, pero la junta directiva quien controla las políticas de la empresa	Una de las formas de organización a la que se le facilita más reunir capital	Los impuestos se gravan sobre el ingreso de los accionistas
Preferencia por la estructura organizacional	Propiedad o sociedad	Sociedad limitada o corporación	Corporación	Depende de las circunstancias	Depende de las circunstancias	Corporación	Depende de las circunstancias

Tabla 4, *Comparación de las estructuras organizacionales*. Tomado de Barragán et al. (2014, p.49)

Las áreas de la empresa

Administración: Siendo la administración un proceso de planear, organizar, liderar y controlar los esfuerzos de los miembros de la organización, y el empleo de los demás recursos de la empresa para lograr objetivos de la misma ya definimos; ésta, dentro de la organización se convierte en un área vital, ya que en ella se congregan todos los aspectos que contribuyen al orden armonioso para el alcance de sus objetivos. La eficacia con que una organización alcanza sus objetivos y satisface las necesidades de su sociedad, depende de cuan bien alcancen sus objetivos los administradores. Si hacen bien su trabajo, es probable que la organización logre alcanzar sus objetivos. Y si las principales organizaciones de un país alcanzan sus metas, la nación como un todo prosperará.

El área administrativa dentro de una empresa se podría de tal forma sintetizar en el esquema 2.

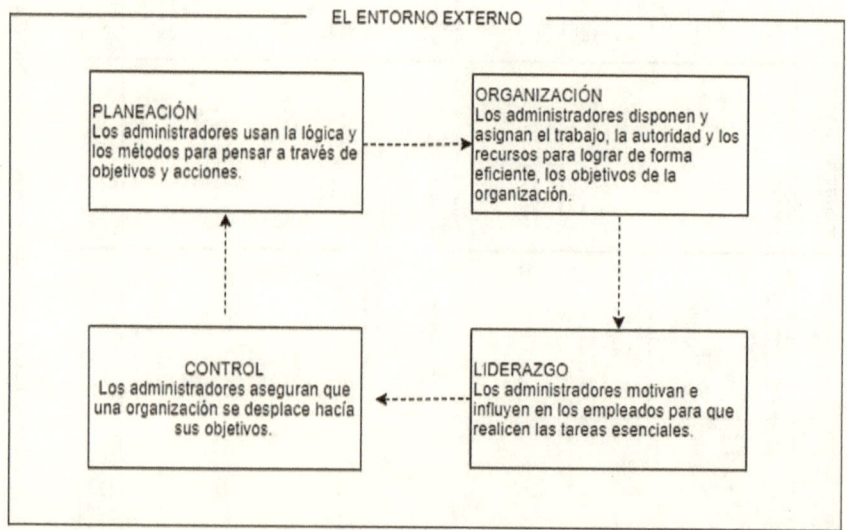

Esquema 2. *El área administrativa.* Elaboración propia a partir de Koontz et al. (2012)

Mercado: La mercadotecnia es una actividad humana que está relacionada con los mercados, significa trabajar con estos para actualizar los intercambios potenciales con el objeto de satisfacer necesidades y deseos humanos. Según Schnarch (2015), la mercadotecnia es esa herramienta que poseen las empresas, negocios y emprendedores para comunicar su propuesta de valor y conseguir que el segmento de clientes tome la decisión de comprar su producto.

El área de mercadotecnia se ocupará de las estrategias de mercado, como son: publicidad, promoción y ventas, para difundir de manera rápida el producto y acrecentar las ventas, estimulando en los clientes el deseo o la necesidad de adquirirlo.

Las funciones específicas son:

- Elaborar plan de trabajo
- Elaborar estrategias de promoción
- Elaborar estrategias de publicidad y ventas para difundir de la manera más rápida el producto
- Evaluar el mercado potencial, así como determinar el crecimiento del mismo
- Planear el sistema de distribución
- Determinar la política de precios (en conjunto con los departamentos de producción y finanzas)
- Definir el mercado meta
- Interactuar con los clientes para establecer un punto de contacto con la empresa
- Planear y definir las metas de este departamento

Producción: En sus términos sencillos, las operaciones se refieren a la manera en que una organización transforma sus insumos, trabajo, dinero, suministros, equipo y demás, en productos, bienes o servicios que van desde computadoras hasta servicios computarizados de facturación. La práctica actual de operaciones es más compleja, por supuesto, ya que toma en cuenta todas las actividades sustanciales de todos los días, por las cuales los miembros de una organización se esfuerzan para alcanzar sus metas. Como tal, operaciones es un proceso abarcando un todo, que forma la calidad de vida laboral así como la eficiencia y efectividad de la organización. A operaciones se debe de ver como un sistema.

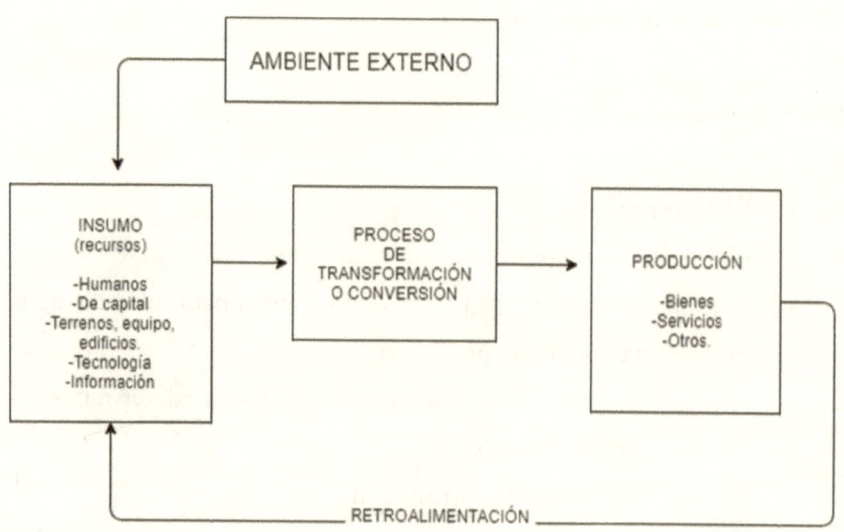

Esquema 3. *El proceso de transformación.*

Elaboración a partir de Koontz et al. (1998)

Finanzas y contabilidad

La contabilidad se comprende como un registro sistemático y cronológico de todas las operaciones que realiza una empresa desde su dimensión cuantitativa. La contabilidad es un registro sistemático porque las operaciones que realiza una empresa deben registrarse o contabilizarse siguiendo un sistema, lo cual se hace en los libros o en registros especiales que se utilizan para tal efecto. La contabilidad es un registro cronológico porque el registro de las operaciones se hace por orden de fechas, es decir; siguiendo la secuencia del tiempo en que se van efectuando.

Las finanzas le permitirán a la empresa proyectar en números la situación real de la empresa, a través de los estados financieros, mismos que han de servir para la toma de decisiones de los líderes. Con el uso de los medios digitales y el desarrollo de las aplicaciones óptimas para el área, sistemas como el Big Data, permiten a las corporaciones almacenan una gran cantidad de información que permiten a la entidad económica dar cuenta de su historia y su presente con lo cual tomar las decisiones necesarias.

Herramientas para el apoyo de proyectos de inversión

La Planeación estratégica

Las consorcios empresariales mexicanos se enfrentan hoy en día a entornos cambiantes, de riesgos e incertidumbre. El cambio disruptivo que supone la 4RI con el gran uso de las tecnologías informáticas y digitales han expuesto a la economía nacional a factores externos no controlables. Los precios internacionales del energético más importante para una economía como la nuestra, cuyos ingresos fiscales están fuertemente representados por el volumen de las exportaciones petroleras, son en suma importantes. La variante constante del tipo de cambio[7], el comportamiento de la economía de nuestro principal socio comercial, los Estados Unidos, el surgimiento de macro economías como la china, entre otros, son factores que hoy en día, y dadas las condiciones actuales, repercuten de una forma imperativa en el comportamiento de los diferentes factores de la economía y consecuentemente en los ciudadanos: los consumidores.

Los patrones en el consumo, cada vez más diversos; las actitudes y los valores de la sociedad de la 4RI, la cultura misma, los perfiles demográficos y los estilos de vida, cada vez más diversos y acordes a una sociedad en movimiento permanente; las motivaciones de los individuos y otros muchos factores determinan la silueta de los mercados y por lo tanto a las empresas. Y es precisamente en este sentido en el que la planeación estratégica adquiere importancia radical, puesto que ella le propone a las empresas la capacidad para identificar, evaluar y determinar las oportunidades y las amenazas que el entorno plantea. En otras palabras, la planeación estratégica (PE) constituye una herramienta de importancia vital para las organizaciones, puesto que sin ella los administradores probablemente estarían incapacitados para definir los factores de riesgo, las fortalezas y las oportunidades de sus organizaciones de cara a las oportunidades y a las amenazas del ambiente. Por lo tanto, la PE tiene que ver con vigilancia del entorno y el aprovechamiento del entorno a modo que la alta dirección de las empresas esté en condiciones de asignar de la mejor manera posible los recursos de la organización a tales oportunidades.

---

[7]   Fluctuando en los últimos meses del 2017 entre 18 y 19 pesos mexicanos.

Será necesario especificar de modo preciso qué es la planeación estratégica (PE). La PE es la respuesta lógica a la necesidad de escudriñar los futuros inciertos de las organizaciones, principalmente de aquellos que sobreviven como consecuencia de las condiciones que le plantean a la sociedad mexicana la globalización. En este sentido la PE consiste en: decidir en el presente lo que debe hacerse en el futuro, lo cual implica la determinación de un futuro deseado y las decisiones que es preciso tomar para hacerlo realidad. Resulta imprescindible elborar un plan estratégico que opere las estrategias y las tácticas mediante las cuales se alzanzará el futuro deseado. Lerma, sostiene que el plan estratégico es: "… el resultado de un proceso de planeación continuo, integral y responsivo ante variaciones en el entorno" (2016, p.74-75). El diseño del plan anticipará las variaciones y su posible repercusión a la empresa y propondrá las formas de anticiparla y hacer de ellas un benefiicio para la organización. De acuerdo al mismo autor, por su enfoque, la PE considera cuatro tipos de planes: Por su naturaleza o tipo de empresa; por el producto que ofrece; por el mercado que atiende y, por los propósitos de la organización. Esta investigación se centra en el estudio de un plan estratégico con enfoque al producto que ofrece: manufacturas en PRFV[8]

En esencia, la PE es la conducción ordenada de un proceso de transición entre un punto 1 y un punto 2; esto es, entre lo que una organización es ahora y lo que se desea sea en el futuro. La planeación por sí misma, trata con el porvenir de las decisiones actuales, ésta observa la cadena de consecuencias de causas y efectos durante un tiempo, también observa las posibles alternativas de los cursos de acción en el futuro. La esencia de la planeación estratégica

---

[8] PRFV: Plástico reforzado en fibra de vidrio (Parrilla, 1998).

consiste en la identificación sistemática de las oportunidades y peligros que surgen en el futuro. Planear significa diseñar un futuro deseado e identificar las formas más óptimas de lograrlo. Este proceso se inicia con el establecimiento de metas organizacionales, define estrategias y políticas para lograr estas metas, y desarrolla planes detallados para asegurar la implantación de las estrategias. También es un proceso para decidir de antemano qué tipo de esfuerzos de planeación deben hacerse, cuándo y cómo debe realizarse, quién lo llevara a cabo, y qué se hará con los resultados.

La planeación estratégica es sistemática en el sentido de que es organizada y conducida con base en una realidad entendida. Es imprescindible que los directivos y el personal de una organización crean en el valor de la planeación estratégica y deben tratar de desempeñar sus actividades lo mejor posible. Un sistema de planeación estratégica formal une tres tipos de planes fundamentales que son: planes estratégicos, programas a mediano plazo, presupuestos a corto plazo y planes operativos.

En concreto, la planeación estratégica es el esfuerzo sistematizado y formal de una compañía para establecer sus propósitos, objetivos, políticas y estrategias básicos, para desarrollar planes detallados con el fin de poner en práctica las políticas y estrategias y así lograr los objetivos y propósitos básicos de la compañía.

Objetivos de la planeación estratègica.

Recapitulando lo hasta aquí dicho ¿Qué es lo que una empresa se propone con la PE? Los objetivos más importantes de la planeación estratégica son:

1. Diseñar el futuro que desea la empresa e identificar el medio o la forma para lograrlo.

2. Identificar y evaluar las fortalezas y las debilidades de la organización.

3. Identificar y evaluar las oportunidades y las amenazas que el entorno le planeta a una organización en el corto, mediano y largo plazo.

4. Crear y mantener una estructura de organización que sea capaz de soportar un sistema de toma de decisiones oportuno y eficiente.

5. Crear y mantener la competitividad de la empresa.

6. Estar en condiciones de aprovechar las mejores oportunidades de negocios.

Sin embargo, la PE no es por sí misma una *varita mágica* que sea capaz de solucionar de igual forma todos los problemas de las empresas. Hay algunas consideraciones que es preciso hacer. Una de ellas, quizá la más importante, es que la PE necesita *liderazgo* para poder concebirse e implantarse; por otro lado, requiere recursos financieros para instaurarse y quizás la consideración más relevante es que la PE no es una medida de desesperación, esto es, no sirve para sacar de una crisis repentina a una empresa en particular; tampoco la PE elimina los riesgos, pues es claro que solo los identifica, define cursos de acción con el menor riesgo posible, reduciendo la incertidumbre sin tampoco eliminarla.

Nociones de la planeación estratégica

La planeación estratégica supone tanto un enfoque como una metodología. Es un enfoque porque supone una manera de *ver las cosas* y la manera en cómo una persona *ve las cosas* define su conducta y sus actitudes. Un administrador o gerente aborda la administración de una empresa a partir de lo que tiene en su mente, de esta forma los paradigmas suelen ser determinantes y la planeación estratégica es ciertamente uno de ellos. Será necesario, por lo tanto, antes de pasar a explicar los *pasos* de la PE, definir algunos conceptos básicos presentes tanto en la metodología como en el enfoque. Los más relevantes son: «visión», «misión», «objetivos», «estrategias».

La visión expresa la forma en cómo queremos ver a la empresa dentro de un periodo determinado. ¿Qué será Chedraui dentro de 10 años? La visión expresa algo que evidentemente no existe, es el futuro deseado de la organización. La visión es importante porque supone la inspiración necesaria para visualizar aquello que queremos llegar a ser en este momento. Una visión no expresa los propósitos de la empresa, sino la configuración de este momento. Una visión no expresa los propósitos de la empresa, sino la configuración de la imagen deseada, la apariencia que queremos que la empresa tenga dentro del largo plazo. De esta manera, por ejemplo, es posible que una empresa comercial "X" de servicios de la 4RI, declare que su visión es: En el año 2010 la empresa deberá tener presencia en todas las capitales importantes del país con productos de calidad y a los precios más bajos del mercado. Seremos una cadena de tiendas de diseño de experiencias recreativas con alto nivel de profesionalización, con personal altamente calificado y con habilidades de servicio extraordinario.

La misión destaca la identidad organizacional de la empresa, sus valores, sus creencias, sus productos definidos en forma de *beneficios,* señalando la relación empresa–producto–mercado. ¿Quiénes son nuestros clientes? ¿Qué beneficios esperan? ¿Qué les estamos ofreciendo? ¿Quiénes somos "nosotros" como empresa? Estas son preguntas clave que deben ser respondidas en todo proceso de preparación de un plan estratégico. La declaración de la *misión* de la empresa es fundamental ya que señala su razón de ser en su contexto, y además enfila a la empresa hacia el cumplimiento de la visión. Para ser una empresa como Chedraui, por ejemplo, una misión podría ser definida en los términos siguientes: "Llevar a todos los lugares posibles los productos que los clientes prefieren al mejor precio." (GRUPOCHEDRAUI, 2017). Para Chedraui esta es su misión estratégica. La declaración anterior puede –y debe- ir acompañada de una declaración de sus principios como empresa, definiendo su preocupación por los otros clientes -comunidad, medios, etc.-, sus valores, su filosofía hacia los trabajadores, empleados, ejecutivos, etc. De esta forma una misión permea el ambiente total de la empresa y de la administración, predispone las actitudes de las personas hacia los fines últimos de la organización y establece los limites, los linderos dentro de los cuales la empresa puede y debe actuar. Decidir que: *en la empresa X desarrollamos y ofrecemos a nuestros clientes soluciones sin fronteras*, es un claro ejemplo de misión estratégica, ya que enuncia los beneficios y las más amplias posibilidades dentro de las cuales la compañía puede desenvolverse. Decir, en cambio, que: *la empresa X vende computadoras* constituye sin duda una perspectiva miope de la dirección. La misión enfatiza más que nada los beneficios y no los productos.

Por su parte, la *filosofía* de la empresa es claramente una consecuencia de la declaración de la misión, y la filosofía se encuentra contenida dentro de ella. Porque la planeación estratégica supone un tipo de actitud, esto es, una disposición mental, hay entonces una forma de *pensar* que anima el proceso administrativo y esta animación es ciertamente la filosofía de la empresa. Habrá que concluir esta parte diciendo que ninguna planeación tiene sentido estratégico sin una columna de pensamiento trascendental y valioso que le da a la empresa sentido y orientación.

Derivados de la misión se obtienen los planes estratégicos. Los *objetivos estratégicos* que enuncian la detonación de un plan o "estrategia" se refieren a las áreas de desempeño de una organización y en ellas es necesario enunciar la siguiente pregunta: ¿Qué queremos lograr? La o las respuestas posibles a esta pregunta dan lugar a la fijación de los objetivos estratégicos y representan los fines hacia los cuales se dirige una estrategia. Algunos de los objetivos estratégicos más relevantes tienen que ver con:

- Obtener una mayor participación en el mercado.
- Acceder a mayores oportunidades de crecimiento y desarrollo
- Desarrollar capacidad creciente para participar en mercados internacionales.
- Promover capacidad para la innovación en tecnología para productos o para servicios.
- Reducir costos de operación.
- Obtener mayor calidad en los productos y servicios.
- Incrementar la productividad del recurso humano y la competitividad de la empresa.
- Mejorar el posicionamiento estratégico de la compañía.

Los objetivos son la consecuencia de los planteamientos de misión y visión de la empresa. De los objetivos estratégicos será necesario derivar metas, las cuales deben ser medibles, cuantificables, concretas de modo que pueda evaluarse su consecución y el desempeño de los ejecutivos. Ejemplificando, será necesario que la planeación estratégica detalle en toda forma los métodos en como habrán de conseguirse los objetivos. En este sentido la presupuestación financiera adquiere una relevancia fundamental, ya que los planes deben ser capaces de traducirse en estimaciones de ventas, participación de mercado, indicadores de penetración y/o desarrollo, costos, gestos, requerimientos de crédito, inversión, flujos de efectivo, utilidades, etc.

De modo esquemático, el proceso de la PE enunciando de modo general y enunciativo define lo que hay que hacer, los pasos que son necesarios contemplar y las decisiones que hay que tomar durante el camino.

Análisis DOFA

Esta herramienta de la PE se puede encontrar en la literatura como en la práctica abreviada de distintos modos, esto puede ser así: Debilidades, Oportunidades, Fortalezas y Amenazas (DOFA), o bien: Fortalezas, Oportunidades, Debilidades y Amenazas (FODA), también: Debilidades, Amenazas, Fortalezas y Oportunidades (DAFO) ó por sus siglas en inglés[9]: Strengths, Weaknesses, Opportunities y Threats (SWOT), en esta investigación usaré la abreviación de DOFA.

El DOFA, es una herramienta de múltiple aplicación que puede ser usada por todos los departamentos de la organización en sus diferentes niveles, para analizar aspectos como: nuevo producto,

---

[9] Se indica el término en inglés debido a que en diversas empresas extranjeras radicadas en México se utiliza de esta forma.

nuevo mercado, producto-mercado, línea de productos, unidad estratégica de negocios[10], división, empresa, grupo, etc.

Un análisis DOFA juicioso y ajustado a la realidad provee excelentemente información para la toma de decisiones en el área de mercados, por ejemplo, permite una mejor perspectiva antes de emprender un nuevo proyecto de producto. El DOFA debe hacer la comparación objetiva entre la empresa y su competencia para determinar fortalezas y debilidades también, ha de realizarse una exploración amplia y profunda del entorno que identifique las oportunidades o las amenazas que en él se presentan.

De acuerdo con lo anterior, el análisis DOFA tiene dos focos, por una parte se orienta en la empresa en sí -enfoque interno- y por otra, lo hace en su entorno -enfoque externo-. Al buscar aspectos claves internamente, lo que se busca es determinar los factores sobre los cuales se puede actuar directamente mientras que al hacer el análisis externo se busca identificar factores que afecten al negocio, llámese producto, unidad estratégica de negocios, línea de productos, etc., de manera positiva o negativa, con el fin de potenciar o minimizarlos de acuerdo con su efecto.

Cuando se emprende el análisis interno se deben considerar todos los aspectos que se manejan en la organización, recursos humanos, recursos físicos, recursos financieros, recursos técnicos y tecnológicos, riesgos, etc., las preguntas que se deben responder son del tipo:

- ¿Qué aspectos me diferencian de la competencia?
- ¿En qué la supero?

---

[10] BCG: *Boston Consulting Group*

- ¿En cuáles estamos igualados?
- ¿En cuáles me supera?

Al responder este tipo de preguntas se conocerán las fortalezas y debilidades.

Las fortalezas se clasifican en:

- Comunes: cuando una fortaleza es poseída por varias empresas o cuando varias están en capacidad de implementarla.
- Distintivas: cuando una misma fortaleza es poseída por un pequeño número de competidores son las que generen ventajas competitivas y desempeños superiores a las del promedio industrial. Son poco susceptibles de copia o imitación cuando se basan en estructuras sociales complejas que no pueden ser comprendidas por la competencia o cuando su desarrollo se da a través de una coyuntura única que las demás no pueden seguir.
- De imitación: son grandes capacidades de copiar y mejorar las fortalezas distintivas de los demás.

Las debilidades se refieren básicamente a desventajas competitivas, las cuales se presentan cuando no se implementan estrategias generadoras de valor que los competidores sí implementan.

Al realizar el análisis externo se deben considerar todos los elementos de la cadena productiva, aspectos demográficos, culturales, políticos e institucionales. Se deben plantear preguntas como:

- ¿En qué áreas es difícil alcanzar altos desempeños y en cuáles se podrían generar altos desempeños?

- ¿Cuáles son las barreras que impiden que este producto alcanza sus metas de participación en el mercado?

El DOFA es especialmente importante para el área de marketing debido al análisis externo ya que se considera el mercado, su potencial y los aspectos sobre los cuales se podría ejercer influencia con el fin de producir recompensas para nuestras iniciativas.

El diagnóstico

El diagnóstico empresarial JICA

Un diagnóstico es aquel conjunto de signos que sirven para fijar el carácter peculiar de una enfermedad, en términos administrativos, el resultado de observar algo. Son diversos y variados los modelos de diagnósticos como herramientas de ayuda y autoayuda para los organizadores. Para efectos de nuestra investigación se ha de tomar el modelo JICA, el cual puede ser adecuadamente aplicado a organizaciones empresariales de tamaño micro y pequeño. El diagnóstico elaborado de forma interna es definido también como auto evaluación. El modelo TQM (*Total Quality Management*), como su nombre lo indica, se orienta a la dirección en función de la calidad. Siendo este un modelo de autodiagnóstico, si bien es un desarrollo europeo orientado a una organización educativa, es aplicable también a empresas del sector privado.

El modelo del diagnóstico empresarial JICA[11] aplica a todas las áreas organizacionales con orientación a los sistemas de calidad

---

[11] **JICA:** Siglas de la Japan International Cooperation Agency, esta agencia tiene como misión, de acuerdo con la carta de la Cooperación para el Desarrollo, trabajar por la seguridad humana y por el crecimiento de calidad. Su visión, es guiar al mundo con lazos de confianza, trabajando por

5´s. Este es un modelo especialmente desarrollado para la pequeña empresa mexicana por consultores japoneses bajo la misma filosofía. La Agencia de Cooperación Internacional del Japón (JICA), es un organismo del gobierno japonés establecido en 1974 y se encarga de ejecutar la cooperación técnica y promover la cooperación financiera no reembolsable dentro de los programas de Asistencia Oficial para el Desarrollo (AOD) que el gobierno japonés implementa en los países en vías de desarrollo.

Sus objetivos principales son:

1- Realizar transferencia tecnológica a través de personas
2- Formar recursos humanos
3- Alcanzar la estructuración de organizaciones y sistemas que coadyuven a la construcción de una nación sólida en los países en vías de desarrollo. Mediante ese desarrollo de recursos humanos.

JICA ofrece asistencia a los países en vías de desarrollo para apoyar los esfuerzos propios que realizan esos países, con pleno respeto a la iniciativa propia de los países receptores de la ayuda.

Para efectos de desarrollo, el modelo JICA se ha adaptado también como TQC[12], en él se analizan tantas variables como sean aplicables a la empresa enfocadas a las 5's japonesas de la calidad.

El proceso de auto evaluación constituye la clave de estos modelos. A través de dicho proceso se consigue una compresión detallada

---

un mundo libre, pacífico y próspero, donde la gente pueda encontrar un mejor futuro y explorar sus diversos potenciales. (JICA, 2017)

[12] **TQC**: Total Quality Control. Su traducción al español es: Control Total de la Calidad

del mismo, se inicia su aplicación y se incorpora a las estructuras de la organización. Con la autoevaluación un centro educativo público, privado o empresa manufacturera o de servicios es capaz de efectuar un diagnóstico sobre cuál es su situación, de detectar los puntos fuertes existentes y las áreas de mejora; a partir de esta acción puede iniciar planes de mejora implantados y se evaluaran los resultados obtenidos y los objetivos alcanzados, abriéndose así el camino para que el organismo realice otra evaluación. Mediante esta acción de carácter circular se irán incorporando y consolidando progresivamente loa avances conseguidos y se irán definiendo nuevas áreas de mejora, es decir, el centro se habrá introducido en un proceso de mejora continua.

Existen diversos modelos de diagnósticos que son aplicables a organizaciones empresariales, gubernamentales o no gubernamentales, de servicios y de productos. Existen también modelos de autodiagnósticos para ser aplicados por las propias organizaciones. Para efectos de nuestra propia investigación, explicaremos uno de esos modelos, el cual habremos de aplicar a una empresa, se trata en este caso de la empresa Diseño Plástico Sociedad Anónima.

El modelo TQC

Método para evaluar e introducir el TQC en una empresa.

Objetivos.

- Comprender como se debería implementar el TQC en una compañía.

- Aprender a analizar la actuación de la gerencia de la compañía.
- Practicar como establecer el TQC

Los evaluadores deberán preparar la información general de la compañía de la cual puedan hacer uso en cualquier momento de la etapa de diagnóstico. Es recomendable que los líderes de cada área de la compañía colaboren en este proceso.

NORMAS PARA REALIZAR EL EJERCICIO DEL TQC

OBJETIVOS

Para lograr la introducción del TQC se deben considerar los siguientes puntos:

1.- Comprender la condición de gestión actual de la compañía
2.- Tener preparación apropiada y adecuada incluyendo entrenamiento a todos los empleados.
3.- Adoptar actividades apropiadas para TQC de implementación y encontrar el TQC.

Procedimiento:

- Contar con la información de la compañía de su situación actual que ha presentado la o las Gerencias y mapas de la misma.
- Llevar a cabo por etapas el ejercicio según se muestra a continuación
- Obtener los resultados
- Evaluar los resultados y tomar decisiones.

ACCIONES	**RESPONSABLE**
1.- Tener lista toda la información de la compañía: Estados financieros, estados contables, procedimientos, métodos, graficas de ventas, de producción, situación del personal y/o mano de obra, comportamiento del mercado, etc.	Jefes de área o gerentes
2.- Elegir un grupo de gente mínimo dos personas para llevar a cabo la evaluación o el diagnostico;	Representantes de la compañía
3.- Llevar a cabo el proceso; 4.-Discutir la conclusión de miembros sobre la condición de la compañía; 5.- Llenar y complementar el cuestionario de los resultados obtenidos de la discusión sobre la situación de la compañía. Hacer el mapa de radar usando el resultado del cuestionario;	Representantes, Gerentes y Jefes
6.- Discutir el material por usar en el mapa de radar; Esto debería hacerse para introducir el TQC en la compañía.	Representantes, Gerentes y Jefes

El mapa de radar y el cuestionario

Propósito para su uso: Dar información para la discusión en grupo.

Procedimiento para el llenado:

> Se debe usar las 6 páginas del cuestionario cuidando seleccionar la columna apropiada
> Considerar, la condición de la compañía mediante la discusión en grupo (gerentes y jefes)

A través del resultado en la parte superior, escoge uno de los tres niveles para cada artículo del cuestionario y se marca el nivel apropiado.

Contar los puntos de cada grupo y calcular el total de los puntos para llenar en los paréntesis ( ) a la vez, escoger A, B ó C, para la certeza de la evaluación en cada parte.

Para realizar el mapa radar.

Agregar puntos totales y elegir A ó B para cada grupo
Escribir los puntos a, b, c, sobre la línea correspondiente al mapa radar
Se unen los puntos señalados.

- Contemplar las condiciones de la Gerencia de la compañía

Una vez que el mapa de radar se termine, se considera que la Gerencia se contemple en el centro para la implementación del TQC. Se debe considerar como fortalecer áreas débiles en el mapa de radar. Recordar que, si el mapa radar indica áreas cerca al círculo exterior, significa que la compañía es saludable.

Consiguientemente, el centro para la implementación del TQC debe considerarse elegir ternas para las áreas débiles. Este procedimiento se debe hacer mediante la discusión en grupo.

- Colocar en el centro la implementación del TQC en la compañía
- Preparar a la compañía para la presentación de los resultados obtenidos.

¿EN QUE CONSISTE EL TQC?

El TQC tiene como principios cinco elementos básicos que en el idioma japonés significan: disciplina, mantenimiento, organización, orden y limpieza; en conjunto, tomando en cuenta los cinco elementos se mantiene una empresa eficiente y productiva. Estos 5 elementos básicos en este idioma se nombren de inicio con las letras "S". Es así que a esta metodología se le denomina las 5 S de Calidad[13]. Las 5 S es el conjunto de acciones que en japonés se expresan con palabras que empiezan con la letra "S", se describen a continuación:

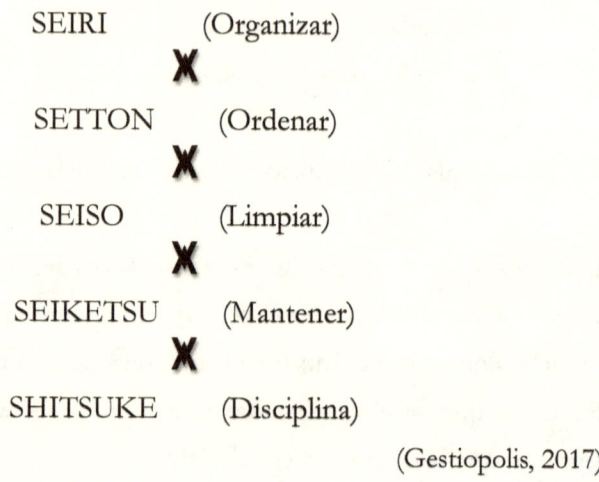

SEIRI   (Organizar)

SETTON   (Ordenar)

SEISO   (Limpiar)

SEIKETSU   (Mantener)

SHITSUKE   (Disciplina)

(Gestiopolis, 2017)

LIMPIEZA (SEISO): Participar diariamente en la limpieza para organizar todas las áreas y corregir aspectos fuera de control.

Procedimiento "operación y limpieza", significa: Sacar polvo de los sitios de trabajo pisos, techos, cajones, estantes, maquinas. Limpiar lo

---

[13] El método de las 5 S de la calidad se originó en Japón después de los años 80, propulsado por W.E Deming, también se reconoce como método Kaizen.

que se va a utilizar antes de empezar a trabajar y dejar todo ordenado y limpio antes de salir.

DISCIPLINARNOS (SHITSUKE): Disciplina es mantener un hábito o costumbre normal, la puesta en marcha de los procedimientos correctos. Las personas que tienen éxito son aquellos que demuestran un alto nivel de disciplina. Prácticas sugeridas (disciplina): Mantener su área de trabajo impecable, usar ropa y calzado limpio. Disciplinarnos. Buscar siempre la limpieza, la auto disciplina y el auto control.

MANTENER (SEIKETSU): Mantener es el resultado de aplicar los conceptos anteriores. Para lograr que los esfuerzos por mejorar el ambiente de trabajo sean perdurables, es necesario que la acción sea simultánea, que todos actúen al mismo tiempo. Es la forma de lograr que no solo se dé el cambio, sino que además se mantenga y realicen mejoras. Mantener la limpieza y organización todo el tiempo en el área de trabajo.

ORDENAR (SETTON): Mantener cada cosa en su sitio, al momento de usarla y dejarla de usar considerar el hábito que permita mantener el orden de cada elemento en la oficina. Este orden finalmente repercute en el orden mental o interno que cada individuo tenga de sus labores, funciones y/o actividades dentro de la organización.

ORGANIZAR (SEIRI): Consiste en separar las cosas que sirven de las que son útiles. Por ejemplo: Si es algo que ocupamos a cada momento, hay que tenerlo cerca y en el lugar adecuado. Lo que no es necesario hay que desecharlo.

En resumen: La técnica empleada en el modelo de Diagnóstico Empresarial JICA, resume su importancia en tres aspectos:

1. El pre diagnóstico y el diagnóstico
2. La aplicación de instrumentos y Herramientas
3. Aplicar la consultoría para resolver los problemas diagnosticados (Plan de acción)

El modelo de diagnóstico JICA, al igual que la Metodología de Nacional Financiera (NAFIN), la cual es empleada por esta institución para evaluar proyectos de inversión para acceso a créditos son considerados y avalados para su aplicación por la Organización de Estados Americanos (OEA).

Metodología NAFIN

La metodología NAFIN (Contacto PyME, 2017), es en sí misma en un método o procedimiento, cuyos pasos lógicos y ordenados le permiten a una organización o compañía obtener resultados adecuados para su puesta en marcha. La metodología, le permite o los encargados de la organización, demostrar el éxito de un proyecto, en el cual se invertirá una determinada cantidad de dinero y esfuerzo, la rentabilidad del mismo.

Nacional Financiera, para otorgar financiamientos a los proyectos de inversión, solicita a los representantes de dichos proyectos, cumplir con un mínimo de requisitos para su aceptación. En la tabla 5 se explican dichos requerimientos.

APARTADO	TRABAJO A REALIZAR
INTRODUCCIÓN	Describir los antecedentes de la idea de inversión y cuáles son los objetivos que se pretenden con el estudio o bien retomar los antecedentes. Conclusiones de perfil.
I. MERCADO	Fundamentar principalmente si el proyecto tiene posibilidades de vender, a quién y en qué cantidad.
1.1 Producto/Servicio	Investigar en el mercado la presentación o descripción del servicio, características, preferencias, calidad, normas, etc. Del producto o servicio que se pretende dar.
1.2 Demanda	Ubicar el producto o servicio dentro del contexto, limitando geográficamente el área de mercado, determinando la demanda ya sea por los consumos estadísticos consumo aparente, consumo per capita encuestas y entrevistas dirigidas de acuerdo a un universo y tamaño de la muestra o mercado cautivo, en donde se busca especificar cuantas unidades anuales se podrán demandar del proyecto (carta de intención) y escenario de mercado.
1.3 Oferta	Determinar la oferta del producto o servicio que ofrece la competencia ya sea por estadísticas o investigación directa a establecimientos o entrevistas.
1.4 Precio	Investigar los precios históricos y actuales de los productos o servicios que ofrecerá el proyecto tanto de productos al intermediario como al público final
1.5 Comercialización	Especificar cuáles son actualmente los canales de comercialización que tiene la competencia y proponer cuales serían los del proyecto.

II. LOCALIZACIÓN Y TAMAÑO	Desde el punto de vista técnico justificar la localización del proyecto y su capacidad de operación.
2.1 Macrolocalización	Describir los aspectos geográficos más relevantes en cuanto climas, temperatura, infraestructura y servicios de la región en donde se encuentra el proyecto, indicando los factores de incidencia de distancias a mercado, materias primas, servicios, infraestructura etc.
2.2 Microlocalización	Realizar un croquis de localización del proyecto indicando orientación, superficie infraestructura y servicios
2.3 Tamaño	Determinar la capacidad instalada del proyecto en cuanto a tecnología economía de escalas, demanda, recursos financieros, disponibilidad de materias primas y limitaciones del terreno y/o instalaciones.
2.4 Programa de Operación	En función dela demanda del proyecto capacidad instalada y curva de aprendizaje, realizar el programa anual, capacidad de operación del proyecto y curva de ventas.
III. PROCESO PRODUCTIVO	Descripción y cálculos del proceso productivo.
3.1 Materias Primas e Insumos	En su caso analizar a proveedores, en cuanto a la localización condiciones de venta, precios y calidades de las principales materias primas y/o insumos.
3.2 Tecnología	Cuando sea necesario, establecer en función razas, plantas fabricantes de equipo y maquinaria, tamaño materias primas y otros, el grado de tecnología del proyecto.
3.3 Descripción del proyecto	De acuerdo con la tecnología seleccionada hacer una descripción de los pasos para obtención del producto dar el servicio, auxiliándose con diagramas de proceso y balance de materiales.

3.4 Maquinaria y Equipo	De acuerdo con cotizaciones describir los equipos (animales plantas) maquinaria que requiere el proyecto
3.5 Obra Civil y/o instalaciones	Realizar el croquis de distribución y los requerimientos de obra civil y/o instalaciones y su presupuesto por el proyecto.
3.6 Materias Primas Insumos	De acuerdo con el programa anual de operación, establecer los requerimientos de materia prima y/o insumos
3.7 Servicios	Igualmente determinar los requerimientos de energéticos y servicios anuales para el proyecto.
3.8 Mano de Obra	Auxiliado por el proceso productivo y el organigrama, establecer los requerimientos de personal y de mano de obra.
IV. INVERSIONES Y FINANCIAMIENTO	Establecer las necesidades de inversión y las fuentes de financiamiento
4.1 Inversión	De acuerdo con las necesidades del proceso productivo y las cotizaciones, establecer las inversiones fijas, inversión directa y capital de trabajo, así como la inversión total.
4.2 Financiamiento	Establecer la estructura financiera que más convenga o el proyecto, elaborando en su caso las tablas de amortización del crédito
4.3 Cronograma de Inversiones	Realizar el cronograma de inversiones incluyendo tiempo y recursos económicos
V. PRESUPUESTOS	Establecer el presupuesto anual de ingresos y gastos
5.1 Ingreso	En función del programa anual de operación y los precios de venta, establecer los presupuestos de ingreso.
5.2 Costo y Gastos	Igualmente en función del programa de operación, costos y gastos de operación administración y ventas: así como gastos financieros, determinar los presupuestos respectivos.

5.3 Estados Pro Forma	Con los presupuestos anteriores obtener el estado de resultados, flujo de caja y balance proyectado.
VI. EVALUACIÓN	Con los datos anteriores obtener los indicadores principales de evaluación económica, financiera y social del proyecto, realizando escenarios de sensibilidad.
VII. ORGANIZACIÓN	Definir la figura jurídica que adoptara el proyecto y su organización interna
VIII PLAN DE IMPLEMENTACIÓN	Programar y especificar las actividades principales para la ejecución y puesta en marcha del proyecto
IX REVISIÓN Y ELABORACIÓN DE CONCLUSIONES	En un breve resumen elaborar las conclusiones finales del proyecto, explicando los aspectos clave del éxito o fracaso del mismo, estas conclusiones deberán mostrarse para su revisión a los interesados.

Tabla 5, *Metodología de Nacional Financiera para Proyectos de Inversión.*

Elaboración a partir de (Contactopyme, 2017).

Capítulo 2
Administración para el Diseño

LA ADMINISTRACIÓN DE LA PRODUCCIÓN

La producción

Comprende el proceso productivo que se realiza en la empresa, desde que entran los insumos -materia prima, materiales auxiliares, maquinaria, herramientas, personal- hasta que, mediante la conversión adecuada de todos ellos se obtiene un producto listo para su venta. El ciclo de producción, de acuerdo a la teoría administrativa comprende las siguientes actividades básicas:

- **Planeación de la producción:** Programación y administración de la maquinaria, materiales y mano de obra.
- **Organización de la producción:** Coordinación de los factores determinantes de la producción, como son: el número de piezas por producto, el número de operaciones de cada pieza, la interdependencia entre cada pieza, la variación de capacidad de las máquinas para las distintas clases de trabajo, el número de sub montajes, la necesidad de entregar en una fecha determinada, la recepción de pedidos pequeños y numerosos, entre otros.
- **Dirección de la producción:** Fijación y establecimiento de políticas funcionales de producción (sobre planta y equipo, diseño e ingeniería de productos, planeación y control de la producción, y personal operativo), mantenimiento, toma de decisiones y de medidas correctivas necesarias para la regulación del proceso productivo.
- **Control de la producción:** Conocimiento completo y exacto de la situación de todos los materiales que se utilizan en el proceso productivo, mediante la regulación del tráfico de la

fabricación de piezas y montajes para conocer la situación de las materias en transformación, la posibilidad de cumplir los compromisos, reducción de existencias, aprovechamiento de maquinaria, materias primas, almacenes y capacidad instalada en general. Establece la coordinación entre el control de calidad y el control de costos.

EL Diseño Industrial

Mucho se puede hablar de los conceptos de Diseño Industrial, para tal podremos encontrar mucha y muy variada bibliografía al respecto. Estaremos en las líneas definiendo el concepto más representativo.

Conceptos de Diseño (Löbach, 1981)

Definición desde el punto de vista del crítico Marxista: El diseño es una droga milagrosa para aumentar las ventas, un refinamiento del capital una bella apariencia que encubre el bajo valor utilitario de una mercancía para elevar su valor de cambio.

Definición desde el punto de vista del fabricante de un entorno artificial (empresario): El diseño es el empleo económico de medios estéticos en la elaboración de productos de modo que estos atraigan la atención de los posibles compradores, al mismo tiempo que mejoran los valores útiles de los productos económicamente realizables.

Definición del Usuario: Diseño es *Design*. Es decir ¿Qué me importa a mí el diseño? Yo escojo las cosas que me gustan, que puedo ver y que están a mi alcance. Me da igual lo que digas sobre el diseño.

Definición del punto de vista del diseñador: Diseño es un proceso de solución del problema atendiendo a las relaciones del hombre con su entorno técnico.

Definición del abogado de los usuarios: Diseño es el proceso de adaptación del entorno, objetual a las necesidades físicas y psíquicas de los hombres de la sociedad.

Según el diccionario, entendemos al diseño como: Diseño es Proyecto, plan, esbozo, dibujo, croquis, construcción, configuración, muestra. De ello podemos decir que el diseño es a veces una idea, un proyecto, o un plan para la solución de un problema determinado: De acuerdo a esta definoción, el Diseño consistirá entonces en la transformación de esta idea para con la ayuda de los medios auxiliares correspondientes, permitir participar a otros de la misma.

Una de las definiciones más completas hasta hoy establecidas, es la que está definida por la World Design Organisation, que es la siguiente:

> "El diseño industrial es un proceso estratégico de resolución de problemas que impulsa la innovación, desarrolla el éxito comercial y conduce a una mejor calidad de vida a través de productos, sistemas, servicios y experiencias innovadoras. El diseño industrial cierra la brecha entre lo que es y lo que es posible. Es una profesión transdisciplinaria que aprovecha la creatividad para resolver problemas y co-crear soluciones con la intención de mejorar un producto, sistema, servicio, experiencia o negocio. En su corazón, el Diseño Industrial proporciona

una forma más optimista de mirar el futuro al replantear los problemas como oportunidades. Vincula la innovación, la investigación tecnológica, los negocios y los clientes para proporcionar un nuevo valor y una ventaja competitiva en todas las esferas económicas, sociales y medioambientales" (WDO, 2017, p.2).

En la definición se expresa entre otras cosas al diseño como el medio de mejora de los productos. Por ello, esta investigación se orienta a la acción profesional del diseñador como hacedor de productos, propulsor de ideas creativas que se materializan a través del uso de los medios de los cuales dispone como profesional creativo. Al deseo de materializarlas le sigue el de comercializarlas, de llevar a cabo todo el ciclo de diseño – producción de su hacer profesional: el emprendedurismo.

Los Polímeros

Los polímeros o materiales plásticos se pueden clasificar en términos generales como termoestables y termoplásticos. Los compuestos termoestables son formados mediante calor y con o sin presión, resultando un producto que es permanentemente duro. El calor ablanda primero al material, pero añadirle más calor o sustancias químicas especiales se endurecen por un cambio químico conocido como polimerización y no puede ser reblandecido. La polimerización es un proceso químico que da como resultado la formación de un nuevo compuesto cuyo peso molecular es un múltiplo del de la sustancia original. Los procesos utilizados para plásticos termoestables, incluyen compresión o moldeo de transferencia, colado, laminado e impregnado. Asimismo, algunos son usados para estructuras rígidas o flexibles de espuma. Los materiales termoplásticos no sufren cambios químicos en el moldeo y no se vuelven permanentemente duros con la aplicación de presión y calor. Permanecen suaves a temperaturas elevadas hasta que endurecen por enfriamiento; además, se les puede fundir varias veces por aplicaciones sucesivas de calor, corno el caso de la parafina. Los materiales termoplásticos son procesados principalmente por inyección o moldeo soplado, extrusión termo formado y satinado.

Los productos hechos de materiales plásticos pueden producirse rápidamente con tolerancias dimensiónales exactas y excelentes acabados en las superficies. Con frecuencia han sustituido a los metales en los casos en que han de ser cualidades esenciales, la ligereza de peso, la resistencia a la corrosión y la resistencia dieléctrica son factores para ser considerados. Estos materiales pueden hacerse ya sea transparentes o en colores, tienden a absorber vibración y sonido y a menudo son más fáciles de fabricar que los metales.

Existen diferentes clases de plásticos en producción comercial, que hoy ofrecen una amplia variedad de propiedades físicas.

El uso de los plásticos queda limitado por su comparativamente baja fuerza, su poca resistencia al calor y en algunos casos por el alto costo de los materiales y poca estabilidad dimensional. Comparados con los- metales, éstos son más suaves, menos dúctiles y más susceptibles a deformaciones bajo carga y quebradizos a baja temperatura. Algunos plásticos son flamables y pueden deteriorarse a la luz del sol. Afortunadamente, los plásticos tienen una buena combinación con una variedad de propiedades, más bien que extremos de una sola propiedad.

Plásticos reforzados

Los plásticos reforzados incluyen un extenso rango de productos hechos de resinas termoestables con fibras texturizadas o irregulares. Aunque predominan las fibras de vidrio, también se usan los asbestos, algodón y fibras sintéticas. Las resinas de poliéster son de bajo costo y de buenas propiedades. Las resinas epóxicas proporcionan extraordinaria fuerza y resistencia química, por lo que los silicones se utilizan en donde las propiedades de resistencia eléctrica y al calor son importantes. Otras resinas se aprovechan en aplicaciones y propiedades especiales.

Las fibras de vidrio y otros plásticos reforzados se hacen por variados procesos, pero en general todos se clasifican por moldeo abierto o cerrado.

Con el proceso de molde abierto con una cavidad en el molde, hembra-macho, se hacen productos con o sin presión. Un buen ejemplo de fibras de vidrio son los cuerpos de botes o lanchas, como el proceso se adapta favorablemente a fabricaciones de piezas grandes donde únicamente un solo lado es acabado las resinas y fibras de vidrio se colocan manualmente dentro del molde, laminando por compresión y removiendo con aire. El molde normalmente se cura en aire pero se puede utilizar como bomba al vació o de presión contra la pared del molde con una presión adicional, por más suave que sea la presión, el ensamble puede situarse en una autoclave a vapor con grandes presiones. Otros productos del proceso de molde abierto incluyen piezas para aeroplanos, equipajes, componentes para camiones. y autobuses, así como recipientes amplios.

El proceso de molde cerrado o matriz machihembrada utiliza dos piezas por molde, en general son de metal. Ambos lados son acabados y se obtienen buenos detalles. Es bajo el costo de mano de obra, siendo posible alta producción cuando los moldes son calentados. Los productos que se obtienen de este proceso incluyen equipajes, cascos, bandejas y bastidores para maquinaria. En general productos de dimensiones pequeñas se hacen por este proceso, debido el alto costo de los moldes cerrados.

Otras técnicas distintas se encuentran en uso comercial en la manufactura de plásticos reforzados. En el proceso de pulverizado ascendente, las resinas y fibras de vidrio simultáneamente depositadas en un molde por pistolas atomizadoras. De esta forma se fabrican lanchas, cascos de botes y otros objetos amplios. En el devanado por argento un hilo sencillo de fibra es alimentado a través de un baño de resina y devanado sobre un mandril. Este proceso se usa para hacer recipientes de presión, tubería, etc. Los plásticos reforzados se usan también en fundición centrífuga ven encapsulación.

Fabricación de moldes de plástico reforzado

Para fabricar el molde se requiere de un modelo de la pieza por obtener. En ciertos casos se cuenta con el original, pero en la mayoría de ellos este patrón se fabrica a partir de especificaciones y planos proporcionados por el consumidor. Este modelo se fabrica con yeso, madera o pasta epóxicas dependiendo del grado de dificultad de la pieza y disponibilidad de operación. Cuando el modelo se fabrica con yeso, es conveniente preparar un armazón y sobre este colocar metal desplegado o "tela de gallinero" a fin de que el yeso tenga soporte y el espesor de material sea mínimo, así se evitan cuarteaduras y el yeso seca con más rapidez. En ocasiones el modelo se fabrica combinando espuma de poliuretano o placas de poli estireno cubiertas con una capa delgada de yeso o pasta epóxicas y este procedimiento proporciona una mayor facilidad para el "formado", a más rapidez y estabilidad dimensional, no debe olvidarse la disponibilidad de barros o arcillas específicamente creadas para esta finalidad, que se emplean en forma similar al yeso y en algunos casos son reciclables.

Para terminar el moldeo se sugiere, disminuir sus asperezas por medio de papel abrasivo y a continuación aplicar un sellador que elimine las porosidades del material. El sellador es, en la mayoría de los casos una laca de nitrocelulosa que se aplica con brocha de aire (pistola], o bien una disolución de goma laca en alcohol, que puede ser aplicada con brocha de pelo o por aspersión. Cuando la película de sellador se encuentra completamente seca, se procede a desbastar y pulir con papel abrasivo de grano fino (fijado húmedo). Terminado el pulido se hace una aplicación de agente desmoldante, o separador, material cuya función específica consiste en evitar la adherencia de la resina con que se fabricará el molde.

La fibra de vidrio

La clasificación de los plásticos reforzados con fibra de vidrio (FV). Varían dependiendo del arreglo de la fibra de vidrio y se pueden considerar tres tipos:

- Las hebras de FV se colocan en forma paralela, de resistencia unidireccional y se utiliza este arreglo paralelo en caparazones para motores de cohete, palos de golf y cañas de pescar; para este arreglo se utiliza la denominada lana de fibra de vidrio.

- El arreglo bidireccional es cuando las hebras FV se colocan vertical y horizontalmente. La resistencia es menor que en el arreglo paralelo y es usado en botes y albercas.
- Arreglo isotrópico (con propiedades físicas idénticos en todas las direcciones), las hebras se colocan al azar, la resistencias es igual en todos los sentidos, pero el refuerzo es menor y se ubica en fa colchoneta de FV; es utilizada en la producción de cascos de protección, sillas, partes eléctricas y valijas entre otros.

Las características de un buen producto en el giro deben ser:

- Su naturaleza le permite conservar sus propiedades con el tiempo, además de ser uno de los material.es más fuertes que se conocen.
- La impregnación perfecta de les resinas termoestables [poliéster, epóxicas] por su estado líquido y por endurecer fácilmente, es rápida de conformar.
- Los artículos terminados presentan magníficas propiedades físicas mecánicas y eléctricas muy buena resistencia química y a la intemperie, exentos de corrosión electrolítica y de otro tipo de degradación, además de tener un costo moderado.

El producto seleccionado es la elaboración de macetas de plástico reforzado con fibra de vidrio. Lo anterior, por tratarse de un producto de elevada demanda y de altas cualidades que compiten con los metales.

El proceso de elaboración de PRFV es homogéneo y solo difiere la presentación en colchoneta, tela o lana de fibra de vidrio.

El Proceso de producción

Los métodos de moldeo o aplicación se deciden tomando en consideración las características de los productos por fabricar, por ejemplo:

1. Cantidad de piezas
2. Especificaciones respecto al tamaño
3. Grado de dificultad
4. Plazo de entrega
5. Consideraciones económicas: (disponibilidad de capital, espacio, etc.)
6. Regulaciones ambientales

Basados en estas otras consideraciones se decide el método de fabricación siendo los principales:

a) Proceso manual o "picado a mano" (Hand Lay up)
b) Proceso por aspersión (spray up)
c) Moldeo a presión y temperatura o Prensado en caliente [Matched die molding]
d) Prensado en frío [Cold press molding]
e) Moldeo por transferencia [Resin transfer molding]
f) Moldeas por vacío
g) Moldeo con macho elástico
h) Moldeo con autoclave
i) Moldeo con bolsa a presión
j) Rigidizado [Terrnoformado/ Aspersión]
k) Moldeo con espuma [Foam Reservoir Molding]
l) Embobinado de filamento continuo [Filament Winding]

m) Centrifugación

n) Moldeo con C/Flex

o) Moldeo por extrusión [pultrusion]

p) Recubrimientos con fibras de vidrio

q) Varios

La mayor parte de estos procesos listados requieren de moldes y aunque éstos pueden ser metálicos, de madera, los más empleados son fabricados con plástico reforzado, es decir poliéster / fibra de vidrio.

En cuanto al grado de actualización tecnológica se destaca lo siguiente:

- Microempresa artesanal: Se trata de un proceso sencillo de transformación y de asimilación entre las capas de fibra de vidrio y la resina; no se presentan cambios o modificaciones sustanciales.

- Pequeña empresa: El proceso continúa siendo tradicional y solo cambia la forma de aplicación que es de rociado y se aumenta el número de máquinas de rociado y de moldes.

El Flujo del proceso productivo en un nivel artesal/ micro empresa

Se presenta el flujo del proceso productivo a nivel general, mismo que se refiere al producto seleccionado del giro y analizado con más detalle en esta guía. Sin embargo, éste puede ser similar para otros productos si el proceso productivo es homogéneo, o para variantes del mismo. Al respecto, se debe evaluar para cada caso la pertinencia de cada una de las actividades previstas, la naturaleza de la maquinaria y equipo considerada, el tiempo y tipo de las operaciones a realizar y las formulaciones o composiciones diferentes que puede involucrar cada producto o variante que se pretenda realizar.

Diagrama de flujo del proceso en la empresa

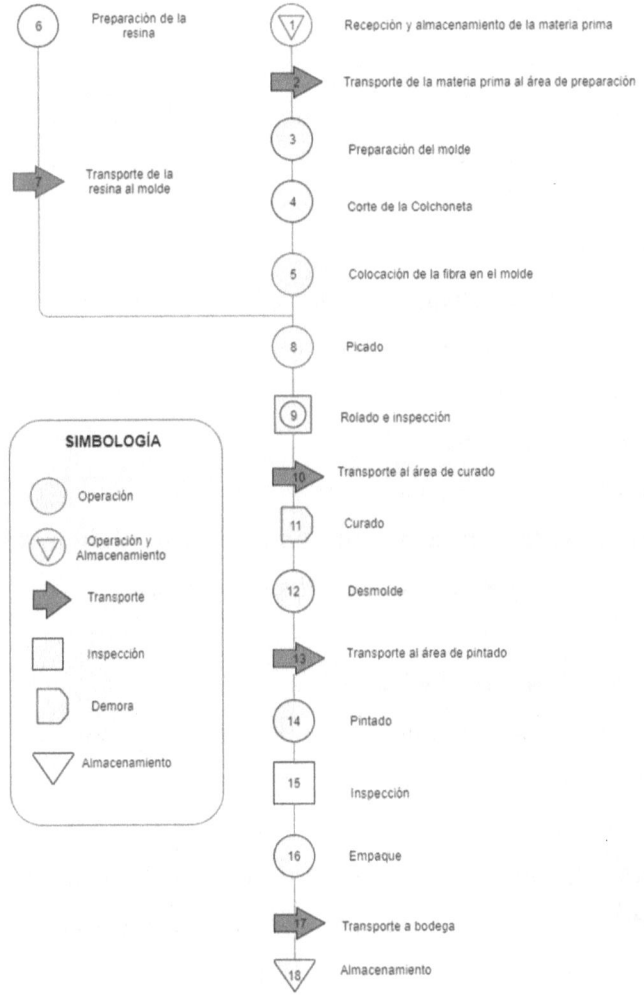

Diagrama 1. *Flujo del proceso*, Fuente: SIEM, https:// www.siem.gob.mx/siem/perfilesSiem/login.asp

Además del proceso de colocado manual que se muestra en el esquema de arriba, existen otros procesos en la fabricación de productos de plástico reforzado con fibra de vidrio, tales como:

- Bolsas de presión
- Bolsas al vacio
- Aspersión
- Autoclave
- Enrollado de filamentos
- Centrífugo
- Extrusión por tiraje
- Prensado en caliente
- Estampado de láminas termoplásticas
- Por inyección
- Lámina contínua

Relación y características principales que deben tener las materias primas, las auxiliares y los servicios.

La materia prima principal utilizada en el proceso de fabricación de artículos de plástico reforzado con fibra de vidrio [PRFV] son las resinas y fibra de vidrio, en las proporciones establecidas, lo que garantiza un producto de calidad. La energía eléctrica es necesaria para el funcionamiento de la maquinaria, para el sistema interno de alumbrado, ventilación y clima para las diversas áreas de la empresa, por lo que se necesita una corriente de tipo trifásico.

Relaciones insumo-producto

Requerimientos para una maceta PRFV de 30 X 30 X 60 cm.

• Fibra de vidrio	1.5m de 3 mm de espesor
• Resina poliéster líquido	0.300 Lts
• Acelerado dimetil	0.03 Lts

Relación de proveedores principales

La pequeña y mediana empresa tiene ubicados a sus principales proveedores en las ciudades más importantes del país, destacando Monterrey, Guadalajara y Distrito Federal donde se encuentran casas especializadas en productos químicos. La micra empresa normalmente consigue proveedores de su localidad, cosa que normalmente representa una desventaja. Para la energía eléctrica que es indispensable, se requiere contar con la autorización y contrato respectivo de la Comisión Federal de Electricidad o Luz y Fuerza del Centro, según sea la ubicación de la empresa.

Relación de equipo principal a escala artesanal: Microempresa

De forma general se señala tanto el nombre de la maquinaria y equipo principal para la operación normal en el giro, su capacidad y nuevo valor referencial de los mismos. No se consideran los precios que se podrían obtener en un mercado de maquinaria y equipo ya utilizados antes o para renta.

Nombre del equipo	Costo aproximado ($)[14]
Herramienta	20,000.00
Pistola de aire	5,000.00
Compresor de 5 kg	30,000.00
Camioneta *pickup* de reparto	220,000.00
	275,000.00

Tabla 6. *Equipo de trabajo para la Micro empresa de PRFV*
Elaboración propia a partir de la indagación en el mercado

Relación y especificaciones del equipo auxiliar y accesorios de apoyo para trabajar el PRFV en la microempresa. El equipo auxiliar y accesorios de apoyo requeridos para la operación de la planta incluyen, entre otros:

EQUIPO	CAPACIDAD	COSTO APROXIMADO $
10 Rodillos ranurados	9 a 28 mm de diámetro y de 5 a 20 cms de largo	10,000.00
Herramienta menor		55,000.00
4 carros o plataformas rodantes		10,000.00
40 moldes		40,000.00
Camioneta *pick-up*	10 toneladas	220,000.00
Mobiliario y equipo de oficina		50,000.00
Equipo de cómputo		50,000.00
		435,000.00

Tabla 7. *Activo de la empresa*
Elaboración de la autora partir de entrevistas con los empresarios.

[14] Los valores corresponden al segundo semestre, 2017.

De acuerdo con las actividades que se realizan en cualquier fábrica es recomendable establecer las áreas que necesitan mayor espacio según las funciones que desarrollan:

- Área de producción
- Álmacen de materias primas
- Álmacén de productos terminados
- Pasillos
- Área de recepción
- Álmacen de equipos móviles de mantenimiento
- Álmacén de herramientas
- Área de mantenimiento
- Instalaciones médicas y botiquín
- Oficinas
- Estacionamiento para clientes y visitas
- Estacionamiento para vehículos de transporte.

LA PLANEACIÓN ESTRATÉGICA Y NEUROPLANNING

Pensamiento estratégico y planeación estratégica

El pensamiento estratégico, aunque utilizado por diversos autores en la época contemporánea y en diversos documentos de la literatura empresarial y administrativa, ha sido un elemento clave en el desarrollo de la humanidad; ejemplo de ello queda registrado en el texto: *El arte de la guerra*, escrito con propósitos militares alrededor del siglo V a. C. por un general de guerra llamado Sun Tzu; el documento concentra las formas clave para ganar una batalla, y ha sido la inspiración para los estudiosos y practicantes de la administración y con ello, de la planeación por que en él se definen los factores clave para el logro de objetivos. Es así porque sí hacemos una metáfora de ganar la guerra con ganar en un negocio o empresa, entonces los valores como: Sabiduría, sinceridad, benevolencia, coraje y disciplina (Sun Tzu, 1999, p.14) se traducen en los fundamentos de la Planeación Estratégica como herramienta para obtener la victoria en los negocios. Para el autor, "…la disciplina ha de ser comprendida como la organización del ejercito, las graduaciones y rangos entre los oficiales, la regulación de las rutas de suministros, y la provisión de material militar al ejercito…" (ídem). Asimismo, para Sun Tzu, el vencer implica el dominio de estos factores y al trazar los planes han de comprenderse al menos siete factores:

> "¿Qué dirigente es más sabio y capaz?
>
> ¿Qué comandante posee el mayor talento?
>
> ¿Qué ejercito obtiene ventajas de la naturaleza y el terreno?
>
> ¿En qué ejercito se observan mejor las regulaciones y las instrucciones?
>
> ¿Qué tropas son más fuertes?
>
> ¿Qué ejercito tiene oficiales y tropas mejor entrenadas?
>
> ¿Qué ejercito administra recompensas y castigos de forma más justa?"

(1999, p.14)

El arte de la guerra es el fundamento de una planeación, porque en el se observan factores clave que son implementados en el modelo. Las preguntas, arriba mencionadas, dirigen la intención a los líderes o mandos altos y mandos medios (dirigentes y comandantes), a los recursos humanos (ejército: oficiales y tropas), y para considerar los recursos materiales, económicos y financieros (administración de recompensas y castigos). Reconocer los siete factores para trazar los planes en términos de Sun tzu, lleva a reconocer métodos y formas de hacer las cosas, para la PE, implica llevar a cabo un procedimiento ordenado y lógico que oriente a los responsables de manera que se logren los objetivos trazados.

El pensamiento estratégico, no sólo se ha aplicado a la administración de organizaciones, también ha determinado la acción profesional del diseño, Rodríguez expresa:

> ...las soluciones de diseño que hoy se demandan, descansan cada día menos en el genio inspirado de algún diseñador; se requiere que recursos pertinentes, basados en estrategias coherentes, por lo que no basta con pensar 'una solución', es necesario pensar con base en sistemas y no en soluciones aisladas, sino propuestas estratégicas, que se focalizan en la satisfacción de objetivos claros y evaluables, de modo que la solución no depende tanto de la inspiración, sino de un trabajo arduo, sistemático y ordenado y que contemple la mayor cantidad posible de factores que puedan influir en la solución final y en la selección de los caminos y medios para alcanzarla. (2004, pp.51-52)

En el camino profesional del diseñador, se encuentra la PE, su aplicación y uso ha de ser permanente, tanto como el ejercicio proyectual, como para el ejercicio de emprender. En el caso que en esta investigación nos ocupa, el pensamiento estratégico ha de manifestarse en el perfil de emprendedor y por supuesto en la aplicación del día a día de la empresa de diseño.

La planeación estratégica es una herramienta metodológica orientada a considerar factores del entorno interno y del entorno externo para definir el mejor camino que ha de seguir la empresa u organización. La PE se sustenta en la mejor toma de decisiones de acuerdo a la información recibida, su formulación a través de planes de acción sujetados a una base axial definida por la filosofía, los valores, la misión, la visión, las estrategias, las tácticas y las acciones; conllevan al logro de objetivos específicos trazados por la misma empresa.

Como lo expresa Lerma, (2017): En términos del proceso de gestión, la planeación, es el primer paso del proceso administrativo y consiste en el diseño del futuro a partir de acciones lógicamente estructuradas que cuentan con tiempo y recursos para el logro de objetivos. Por su alcance y tiempo, la planeación se clasifica en:

Clasificación de la planeación

Categoría	Temporalidad y magnitud
Planeación operativa u operacional	A corto plazo y es cotidiana
Planeación táctica	A mediano plazo, para el mantenimiento y mejora de la institución
Planeación estratégica	A largo plazo, y abarca la razón de ser de la organización

Tabla 8. *Clasificación de la planeación*. Diseño a partir de Lerma (2017).

Toda planeación estratégica contiene elementos importantes que dan estructura al proceso y conllevan al éxito de la organización en los objetivos que se traza, a continuación se nombran.

Elementos internos del plan estratégico

Misión: Es la razón de ser de la empresa, responde a las preguntas: ¿qué? ¿cuándo? ¿dónde? ¿para quién? ¿con qué? ¿con quién? ¿cómo?

La misión es un enunciado que formula la empresa y que debe representar la esencia de la misma.

Ideal: Según Lerma: "es el ideal es la máxima aspiración que pudiese tener una UEN[15]: es aquello que desearía llegar a ser o tener, que es muy difícil lograr y que cuya realización requerirá de mucho tiempo y esfuerzo." (2017, p.76)

Visión: En la formulación estratégica, y en coordinación con el *ideal* y la *misión*, la visión es el enunciado que define en un plazo específico lo que se quiere ser, hacer o tener.

Filosofía o cultura organizacional: Es la definición axial de lo que la empresa es y quiere mostrar a su entorno o medio ambiente, tanto interno como externo

Valores: Para Lerma (2017): "Constituyen el marco axiológico" (ídem) con los que se sustentarán cada una de las actividades encaminadas al objetivo que la empresa desea alcanzar.

Normatividad/Lineamientos: Los aspectos normativos son importantes no sólo en la PE, es la observancia plena de los criterios establecidos para obtener algo de acuerdo al bien común. En términos empresariales, significa el cuidado de los criterios determinados para la elaboración de un producto, tanto en su manufactura como en su diseño.

Objetivos: Los objetivos sintetizan el alcance que la empresa desea obtener al hacer el plan estratégico. Deben ser medibles y planteados

---

[15] UEN: Unidad Estratégica de Negocios

de forma realista. Para Steiner, todo objetivo debe ser factible, cuantificable, conveniente y aceptable, motivador, comprensible y contener cierto grado de obligatoriedad, se ubica en un periodo y debe quedar escrito. (Citado en Lerma, 2017, p.77)

Metas: Las metas se diferencian de los objetivos porque son parte de ellos, se llevan a cabo en el corto plazo.

Neurociencias

Importancia desde un enfoque neurológico, el Neuromanagement: neuromarketing y neuroplanning.

La mercadotecnia tanto como el neuromanagement opera desde un entorno global dinámico. Los cambios rápidos pueden hacer que las estrategias triunfadoras de ayer se obsoleten mañana, está pasando en la 4RI. Los mercadólogos enfrentan día a día este reto, ante este movimiento tecnológico revolucionario, el manejo de las estrategias más adecuadas para cada modelo de negocio es imprescindible. El neuromarketing considera reconocer a cada individuo como un mercado potencial, en donde el conocimiento de las ciencias neurológicas aplicadas a posicionar cada producto es fundamental. El impacto que tiene el promocional en cada hemisferio del cerebro del producto definirá el éxito de la campaña. Aunque la planeación estratégica es una herramienta administrativa que se ha utilizado desde mediados del siglo pasado, esta sigue siendo vigente porque conjuga la generalidad del usos los instrumentos y técnicas de la planeación tradicional con la especificidad de la estrategia, que lleva la consideración del impacto y beneficio a largo plazo. Estrategias de neuromercado diseñadas desde la PE, pueden ser una solución para los micronegocios como el que aquí se analiza.

Como sostiene Braidot (2008), es importante dar saltos cuánticos en las conducciones de las organizaciones de este nuevo siglo. La PE es ahora parte del territorio de lo tradicional, acompañada del marketing, del management, del liderazgo, de la economía. Al lado, en la frontera de lo avanzado, en el territorio de las neurociencias están: el neuromanagement, el neuromarketing, la neuroeconomía y también el neuroplanning (Braidot, 2013). Es evidente que al avanzar la ciencia y la tecnología, en el marco de la 4RI y, como ya hemos insistido, en el marco de las dimensiones de lo digital, lo físico y lo biológico, también lo hacen las profesiones. La profesión de la administración, en todas sus áreas y sistemas profesionales ya lo está haciendo, es en este caso el ejemplo. Sin embargo y aunque efectivamente la PE es una "herramienta del siglo pasado", es un hecho que aún existen "empresas del siglo pasado". Porque no todas las organizaciones pueden ir a la vanguardia del momento. Es el caso de la empresa DPSA, por ello y como se verá, de acuerdo a su perfil, se decidió aplicar PE, porque el perfil de la herramienta está acorde al perfil de la investigación de este objeto de estudio, en lugar de aplicar neuroplanning.

El neuroplanning

Si bien no se pretende incorporar esta herramienta, es importante hacer mención de lo que involucra el neuroplanning, corresponde al lector asumir sus criterios. Muestro las generalidades en la siguiente tabla:

Neuroplanning	Conciencia estratégica
Corriente	Escuela cognitiva del planteamiento
Objetivo del neuroplanning	Crear valor Promover trabajo en equipo Promoveer el pensamiento interdependiente analítico e intuitivo
Herramientas	Técnica KJ
Beneficios	Toma de decisiones sobre la marcha y al instante por los líderes y el o los equipos de trabajo

Tabla 9. *Neuroplanning*. Elaborado a partir de Marafuschi, (2013).

SITUACIÓN ACTUAL DE LA EMPRESA DPSA Y DEL SECTOR POLÍMEROS

Antecedentes

Fundación: El 1 ° de marzo de 1999, nace en la Cd. de Toluca, la empresa Diseño Plástico S.A. con el nombre de M3 PROYECTO contando para entonces con una nave de 125.00 m2 y una pequeña inversión.

Los fundadores: M3 PROYECTO inicia con Inversión de dos empresarios. Ambos inversionistas se han dedicado desde hace más de 17 años al diseño, modelado, fabricación de prototipos y piezas de fibra de vidrio al trabajar para empresas como CASA, ALFA, CATOSA Y GENERAL MOTORS.

Los clientes de M3 PROYECTO

- NEOBUS, BUSMEX, AUTOBOUTIQUES, NEÓN DE MÉXICO, PÚBLICO EN GENERAL.

La empresa inicia actividades contando únicamente con dos picadores de fibra de vidrio en un solo turno, ambos radicando en la Cd. de México También con la colaboración de un diseñador industrial, originario de la Cd. de Toluca quien se desempeña principalmente en labores administrativas. Bajo la creciente necesidad y considerando el desarrollo que la propia empresa manifestaba, un año más tarde, se anexa al equipo un inversionista más. Para entonces, en febrero del año 2000 el equipo se conformaba por: dos picadores, un encargado de producción, un encargado administrativo, dos modelistas, un ayudante general, un diseñador industrial, así como apoyos externos en diseño gráfico y un estudiantes de contabilidad.

Debido a las condiciones de crecimiento de la empresa, tanto los socios como los empleados se vieron en la necesidad de trabajar en distintas áreas, lo cual permitido realizar un proceso de reajuste de actividades y funciones.

En el mes de abril del año 2000, la empresa sufre una de sus más grandes modificaciones, el cambio de su identidad corporativa debido a que el estudio previo de mercado indicaba que el nombre remitía a otra empresa ya consolidada y con mercados diferentes, esto evidentemente ocasionaba confusión en la identidad de la empresa. Por otro lado y debido a las situaciones legales, la empresa requería formalizar sus actividades con un nombre propio. Así, la empresa M3 PROYECTO se re denomina Diseño Plástico Sociedad Anónima de Capital Variable (D.P.S.A. de C.V)[16] lo cual hace perfecta alusión a sus actividades fundamentales.

---

[16] En este documento DPSA

Actualmente la empresa cuenta con 4 socios, quienes a su vez son empleados de la misma.

Objetivos.

Actualmente, la empresa cuenta con el desarrollo de un esquema de planeación estratégica, no obstante, este esquema es apenas incipiente y erróneamente desarrollado, de tal forma que la implementación y seguimiento del mismo no se ha llevado. El desarrollo de los mismos se llevó a cabo mediante reuniones de los socios, en donde ellos mismos de manera empírica desarrollaron cada uno de los puntos. Estos puntos, fueron determinados y colocados por escrito, sin embargo no se dieron a conocer a los empleados y han permanecido en carpetas archivados. Muestro enseguida estos elementos.

OBJETIVO GENERAL

Consolidar la empresa DPSA en cuatro grandes áreas: 1. Fabricación, 2. Moldes, Modelos y prototipos, 3. Punto de Venta, 4. CEED Centro de Estudios Especializado en Diseño.

VISIÓN DISEÑO PLÁSTICO S.A. de C.V.

Todas las áreas necesariamente interrelacionadas entre sí, pero a largo plazo completamente independientes en su sistema administrativo, ya que estas pretenden ser cuatro empresas del corporativo D.P.S.A. Ver gráfico 1

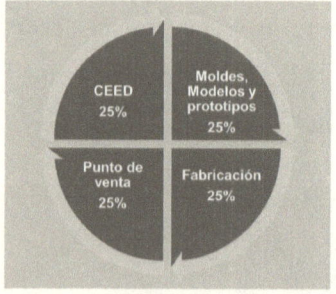

Gráfico 1. *Visión de DPSA*. Elaboración propia con base en entrevistas

OBJETIVOS ESPECIFICOS	PLAZO		
	CORTO	MEDIANO	LARGO
Consolidación y crecimiento de DPSA FABRICACIÓN	X	X	
Implantación y desarrollo de DPSA MODELOS Y PROTOTIPOS	X	X	
Desarrollo, Implantación y crecimiento de DPSA CEED	X	X	X
Desarrollo, Implantación y crecimiento de DPSA PUNTO DE VENTA	X		

Tabla 10. *Objetivos de la empresa.* Fuente: DPSA

El porcentaje de implantación actual de la visión por área estimada, es el siguiente:

ÁREA	%
FABRICACIÓN	90
MOLDES, MODELOS Y PROTOTIPOS	90
CEED	30
PUNTO DE VENTA	20

Tabla 11. *Condiciones de la empresa según la visión de sus líderes.* Fuente DPSA

ESTRATEGIAS GENERALES

Estrategia

- Abrir aquellas fuentes potenciales de mercado que generen un margen mayor de ganancias a la empresa.

Tácticas

- Esto implica hacer un sondeo mediante la observación para tener una mayor gama de posibilidades de negocio.
- Consolidar los productos que ya se tienen
- Incursionar en otros mercados opcionales como: resinas, accesorios para hoteles, restaurantes, etc.

Estrategia

- Consolidar la cartera de clientes que actualmente se tiene con el fin de tener las ganancias necesarias para pagar los gastos fijos de la empresa.

Misión

Somos una empresa dedicada al diseño y fabricación de modelos, moldes y piezas elaboradas a base de materiales plásticos para la industria carrocera y el público en general. Comprometidos siempre con nuestros clientes al brindarles calidad en nuestros productos; con nuestros empleados al brindarles capacitación continua y sueldos competitivos; con nuestros socios al ser una empresa. en continuo crecimiento que retribuya utilidades respecto a su inversión; pero sobre todo con la mejora e innovación nuestros materiales y procesos de producción en pro de la ecología y de nuestra sociedad.

Visión

Ser en dos años una empresa de competitividad local. con una cartera de clientes sólida que nos permita generar mayor número de empleos y un incremento anual de al menos 10 puntos porcentuales en las utilidades con respecto al ejercicio anterior. Es necesario para tal efecto consolidar la empresa DP Diseño Plástico en DP Fabricación, DP Modelos y Prototipos y DP CEED.

Filosofía

- Reconocemos y creemos en Dios
- Amamos la naturaleza y el medio ambiente, y buscamos una
- Contribución positiva hacia ella;
- Respetamos y trabajamos por el hombre y su desarrollo
- Amamos y respetamos a nuestras familias;
- Aceptamos los retos y los cambios.

Valores

- Respeto Mutuo
- Respeto a nuestras familias
- Trabajo
- Constancia
- Confianza y fe en lo que hacemos
- Lealtad
- Preparación continúa
- Igualdad

Situación actual

A continuación se mencionan un resumen de la situación actual que guarda la empresa, esto deberá servir solo como antecedente y es una descripción previa a los resultados del análisis del diagnóstico que al concluir este capítulo se presentará.

Actualmente, la empresa se maneja como se muestra en el gráfico 2 con una asamblea de accionistas, la cual funge como figura máxima en la organización tanto funcional como organizacional. Es seguida de la figura del director general y los gerentes de cada área, quienes a la fecha son los mismos accionistas y que por su perfil profesional y habilidades dirigen cada área.

El porcentaje de participación que actualmente se maneja es el que se describe en la siguiente tabla:

SOCIO	PUESTO	PORCENTAJE DE PARTICIPACIÓN
A	Gerente de producción e Investigación y Desarrollo	35
B	Gerente de Administración y Mercados	45
C	Gerente de Finanzas	20

Tabla 12. *Participación en la inversión.* Fuente DPSA

Organización

La organización actual de la empresa DPSA implica tres gerencias generales que reportan a una junta de asamblea la cual como anteriormente se menciona, está integrada por los tres socios los cuales a su vez son empleados de la empresa.

Organigrama de la empresa

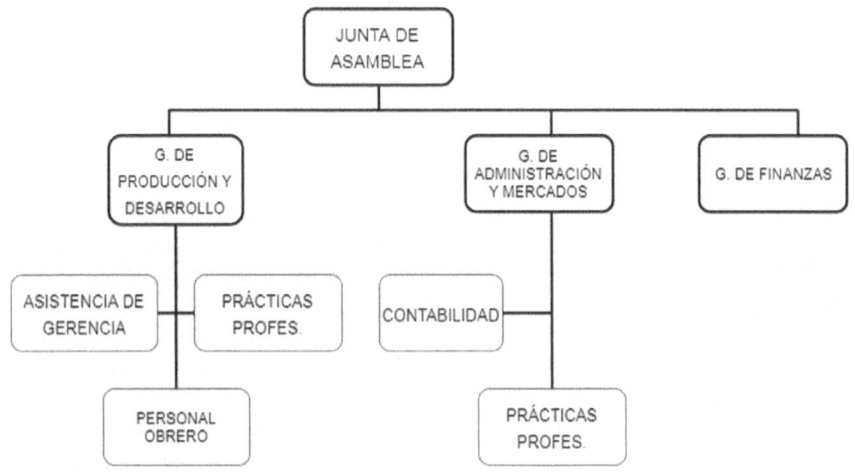

Gráfico 2. *Organigrama de la empresa DPSA*. Fuente: DPSA

RESUMEN GENERAL DE LA SITUACIÓN ACTUAL. REVISIÓN PREVIA A LA APLICACIÓN DEL DIAGNÓSTICO Y LOS RESULTADOS QUE ESTE ARROJE.

Administración y Finanzas

Actualmente, la empresa cuenta con una baja e inestable facturación, sin embargo, cuenta con un sistema contable y financiero el cual le permitirá tener oportunamente la información que les ayude a una buena toma de decisiones a los inversionistas.

La contabilidad de la empresa toma sus bases en dos formas: Una por Régimen General, la cual concentra aquella facturación referente los productos de maquila de PRFV, moldes, modelos y prototipos, así como los materiales de venta directa. Esta forma, se encuentra en proceso de cambio ya que la empresa lleva a cabo su proceso de registro como Sociedad Anónima de Capital Variable. Otra, la que concentra los ingresos y egresos que se refieran al área de servicios como en el caso de diseño o consultorías y asesorías otorgadas por el área CEED.

Porcentaje de implantación actual de la visión de DPSA Objetivos especificos

✓ DP PRODUCCIÓN

Actualmente, la empresa trabaja únicamente en el área de PRODUCCIÓN a una capacidad de 90% a la proyectada contando con una inversión en capital de aproximadamente $200,000.00

✓ DP MODELOS Y PROTOTIPOS

Trabajando conjuntamente con el área de DFP PRODUCCIÓN a una capacidad de 90% de lo proyectado aproximadamente.

✓ DP CEED Centro de Estudios Especializados en Diseño

DP CEED, se encuentra en su primera fase de desarrollo y tiene como objetivos (ver: Gráfico 1) crear una alternativa de acercamiento a la industria obteniendo cada vez un mayor número de egresados empleados en empresas nacionales e internacionales, elevando el nivel educativo y motivando a la creación de nuevas empresas. Con esto, se tiene la intención de crear una escuela de capacitación especializada en áreas de diseño, que ofrezca al profesionista de áreas como: diseño, ingeniería, arte entre otros, un acercamiento real al trabajo en la industria. Esto obliga a centrar la capacitación de inicio en temas como: Moldes, modelos y prototipos automotrices, piezas genéricas de plástico, diseño, envase y embalaje, etc. sin soslayar la administración general.

Los alumnos con el interés de especializarse, complementarían su preparación en dicha escuela, la cual complementaría la enseñanza metódica y teórica con la práctica en la misma infraestructura de la empresa DPSA, dado lo cual se conseguiría obtener factor humano capacitado en práctica y teoría.

El porcentaje de implantación está actualmente considerado por asamblea de accionistas en un 30%.

✓ DP PUNTO DE VENTA

DPSA Punto de venta se encuentra actualmente en su etapa de inicio, actualmente se encuentra en implementación, y se contó con un 100% de su capacidad ya instalado en al menos 6 meses a partir de segundo semestre del año 2010.

Aspecto legal

Como se mencionaba anteriormente, por un lado, la empresa opera bajo el régimen fiscal de pequeños contribuyentes como persona física con actividad empresarial. Por otro, como régimen de honorarios, esto, le permite canalizar sus recursos adecuadamente según se requiera.

También, se busca que todos los empleados cuenten con seguro médico y las prestaciones requeridas por la ley.

Por el lado de marketing, no se cuenta con registros de marca y de productos, esto implica un riesgo para la empresa aunque no terminante para operaciones.

Producción: Productos

La empresa diseña y manufactura piezas para la industria carrocera incluyendo la industria automotriz y la industria de la construcción a partir de plástico reforzado en fibra de vidrio siendo estas piezas las siguientes:

Productos de la Industria carrocera:

- Concha exterior trasera
- Tapa motor
- Defensa trasera
- Concha interior delantera
- Porta llantas
- 1/2 concha interior trasera
- Ducto de transición aire acondicionado
- Mampara operador
- Mampara pasajeros
- Base para asiento conductor
- Tapa porta herramientas
- Tapa chumacera puerta delantera
- Ducto de aire acondicionado
- Calaveras para camiones CasaVan
- Industria automotriz:
- Spoilers para VW Sedán
- Modelos de autos a escala
- Productos de la Industria de la construcción
- Faroles colgantes tipo coloniales
- Faroles de pared tipo coloniales
- Buzón tipo residencial
- Mueble empotrable para baño
- Teja

Proceso de Producción: El proceso de producción que actualmente se maneja es el de proceso manual o *picado* a mano (hand lay up). Este método resulta ser el más común y económico ya que no requiere el uso de equipo especializado y por ello puede llevarse a cabo en prácticamente cualquier sitio pues no es necesaria energía eléctrica, aire comprimido, etc.

Proveedores: Actualmente los proveedores de la empresa son por un lado sus mismos clientes en cuanto a resina y fibra con quien se ha llegado a un acuerdo de maquila proporcionando los clientes los materiales básicos. Por otro lado la empresa compra a Grupo Químico Industrial MEGA y a la empresa Poliformas. El resto de sus consumibles son adquiridos en ferreterías, papelerías o tiendas comunes. Lo cual por consecuencia aumenta sus costos de operación. Otro conflicto que a la empresa se le presenta es el hecho de que no cuenta con un plazo de crédito de parte de sus proveedores, lo cual evidentemente perjudica su ciclo financiero.

Mercadotecnia

Ventas y clientes: La empresa no ha tenido en forma, la fuerza de ventas que requiere para sobresalir en el mercado, sus clientes han sido contactados por que son amigos de los dueños o conocidos. Sin embargo no se ha adquirido clientes por contar con un procedimiento general de venta.

Imagen. Marca, Promoción y Publicidad: Se cuenta con la leyenda y el logotipo DP, Diseño Plástico, la cual funge como imagen corporativa y se espera que en un mediano plazo sea también una marca, no obstante momentáneamente no se cuenta con una marca determinada. La difusión de la imagen institucional o corporativa se ha dado ya a partir de la promoción [aunque baja] con que cuenta la empresa en: tarjetas de presentación y papelería, anuncios en sección amarilla y por los cursos que la empresa promueve.

Distribución: La distribución de los productos y servicios que da empresa cuenta es particularmente en el área local, abarcando el municipio de Toluca únicamente.

Aplicación del Diagnóstico Empresarial

Evolución del sector
Introducción

La producción de artículos de plástico es una de las actividades más complejas del sector químico en virtud de su diversificación, tanto en términos de los productos elaborados como por el número de mercados hacia los que destina su producción. Las manufacturas de plástico constituyen el último eslabón de la cadena de producción de petroquímicos, cadena que tiene como precursores al petróleo y al gas natural. Un atributo relevante de la industria del plástico es su elevada capacidad para generar valor agregado, pues mientras que la industria petroquímica adiciona 4.5 veces el valor agregado respecto al petróleo crudo y a las resinas sintéticas corresponde 23 veces, el valor añadido por la industria del plástico es estimado en 60 veces.

La importancia actual de la industria del plástico se confirma, entre otros elementos, por el crecimiento que ha tenido en el ámbito mundial. El consumo de plástico en los países industrializados se elevó de 0.6 kg/hab. en 1950 a 120 kg/hab en 2017; en México el consumo pasó de 15 kg/hab en 1992 a 30 kg/hab en la actualidad, este dato ofrece una referencia· adecuada para estimar el potencial de crecimiento de la industria para los próximos años. La producción global de manufacturas de plástico se concentra en Estados Unidos, Japón y Alemania, países que al mismo tiempo, consumen más del 90% de la producción mundial; la posición de la industria mexicana dentro del mercado internacional se define como de importador neto, situación que comparte con regiones como América Latina y gran parte del continente asiático (con excepción de Japón).

Situación actual
Producción

La menor actividad económica que reportó la mayor parte de las actividades manufactureras durante el 2016 afectó significativa mente la demanda de artículos de plástico, de tal modo que, de acuerdo con cifras preliminares, para el cierre del año acumulaba una reducción en las ventas de 4.2%. La mayor parte de las ramas que integran a las manufacturas de plástico sufrieron reducciones en sus ventas el año pasado, sin embargo las cifras demostraron que los productos que son utilizados como insumos en otros procesos industriales fueron más afectados que los productos que se utilizan como bienes finales en los hogares.

ESTRUCTURA DEL MERCADO DE PLÁSTICO

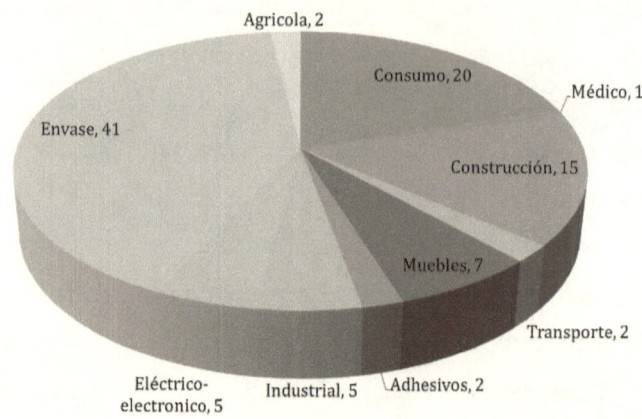

Gráfico 3. *Estructura del mercado de plástico*. Fuente
INEGI. Valores porcentuales

Los segmentos de la industria del plástico que mostraron incrementos en su producción en el 2016 fueron entonces los artículos de plástico para el hogar y, en menor medida, película y bolsas de diversos materiales plásticos; los aumentos fueron de 4.6 y 0.4, respectivamente. La mayor producción de productos para el hogar se apoyó en vasos desechables y artículos diversos para cocina.

El grupo de segmentos que reportó variaciones negativas en su producción durante el año pasado es, sin embargo, más numeroso. Las caídas más importantes ocurrieron en laminados decorativos e industriales y perfiles, tuberías y conexiones de resinas termoplásticas; en cada segmento la reducción llegó a 18%. Otra reducción importante fue la que registró la producción de juguetes de plástico (-12. 7).

Con reducciones en la producción de alrededor del 8% se enfrentaron los segmentos productores de piezas industriales moldeadas con resinas y envases de poliestireno expansible, productos de PVC y envases de plástico soplado la menor producción en el segmento de envases de plástico soplado merece un comentario adicional debido al elevado peso que mantiene dentro de la producción total de la industria de plásticos.

Sector externo

La recesión económica que enfrentó la economía estadounidense durante el 2001 afectó significativamente la venta de artículos de plástico al exterior. De acuerdo a cifras preliminares, el valor de las exportaciones totales de la industria del plástico disminuyó 5.9% al ubicarse en 2,392 millones de dólares. Por otra parte, las importaciones de este sector acumularon 6,950 millones de dólares, cifra que a su vez significó una reducción de 4.4. El menor valor del comercio exterior para la industria del plástico, y en particular la caída en las exportaciones, deben analizarse a la luz de la elevada base de comparación que representó el año 2000 pues en ese período las exportaciones alcanzaron una tasa de crecimiento de 27%, que ciertamente reflejaba en periodo de auge en la producción industrial de Estados Unidos. Al año 2016, la recuperación del sector en el país es absoluta.

La complejidad con la que se clasifican las fracciones arancelarias de productos pertenecientes a la industria del plástico dificulta el análisis de las naciones en las que se concentra el intercambio con el exterior, sin embargo en términos genéricos podemos afirmar que cerca del 90 de las ventas al exterior se realizan hacia los Estados

Unidos, mientras que las importaciones provienen de dicho país en la misma proporción y, en menor medida, de naciones tales como China, Alemania y Japón. Conviene también recordar que alrededor del 60% de las exportaciones de artículos de plástico corresponden a las transacciones realizadas por la industria maquiladora de exportación.

TLCAN.

La debilidad relativa de la industria del plástico mexicana frente a sus competidores norteamericanos le permitió ser favorecida dentro de los plazos de desgravación de las fracciones arancelarias en el marco del TLCAN, de tal suerte que en 1994 se eliminó el arancel al 76 de las exportaciones mexicana s y se estableció un periodo de desgravación a las importaciones de nueve años a partir de 1994. El calendario de desgravación arancelaria considera un impuesto promedio ponderado de 0.78 para las importaciones provenientes de EUA y Canadá, en tanto que las exportaciones mexicanas a esos países enfrentaron, para el mismo año, un arancel promedio de 0.01. Como se mencionó arriba, el comercio exterior de artículos de plástico esta desgravado en 2016.

Precios

La estructura de costos de la industria se caracteriza por el elevado peso de las materias primas; se estima que este renglón representa alrededor de 60 de los costos totales. De tal modo es relevante destacar la importancia de las resinas sintéticas como los principales insumos, ya que las fluctuaciones en sus precios ejercen una influencia decisiva en la rentabilidad industrial. Las variaciones cíclicas en los precios de las resinas afectan más severamente a las de uso extendido (commodities, que en México representan tres cuartas partes del mercado), dada la competencia existente entre los productos en todo el mundo.

Las principales resinas commodities son los polietilenos de alta y baja densidad (HDPE, LDPE), polietireno (PS) y cloruro de polivinilo (PVC).

Los menores índices de producción industrial registrados por la mayor parte de los países precios de las resinas sintéticas durante el año 2016 pues los incrementos en la producción global de tales insumos no fueron compensados por aumentos proporcionales en su consumo. De esta forma los precios de las principales resinas en el mercado norteamericano disminuyeron en unos casos hasta 20% favoreciendo por tanto la reducción en los costos de las empresas que operan en fa industria del plástico.

La rentabilidad de la industria de los artículos de plástico medida en términos de las variaciones en el índice de precios productor frente a los cambios en el índice de precios de las materias primas consumidas, reflejó las condiciones favorables que propiciaron los menores precios de las resinas sintéticas. En este sentido. los precios productor aumentaron 6.3 mientras que los precios de los insumos crecieron a una tasa inferior, es decir, 3.6 los productos cuya rentabilidad estuvo por arriba del promedio debido a mayores incrementos en los precios productor fueron los artículos moldeados para el hogar y bolsas y películas de polietileno. Por otra parte, con menores incrementos en precios destacaron la tubería de PVC, envases y calzado de plástico.

Crédito

La industria del plástico recibe 21% del total del crédito otorgado por el sistema bancario a la división de manufacturas químicas. Según saldos publicados por el Banco de México, el valor del crédito recibido por este sector ascinde a 3,716 millones de pesos. El valor de la cartera vencida del sector sumó 975 millones de pesos, de modo que su índice de morosidad se ubicó en 26.2. El índice de morosidad de la fabricación de artículos de plástico es ligeramente inferior al de la división química (29.7%) y al de la industria manufacturera (32.3%).

Estructura interna

La elaboración de productos de plástico consiste en la transformación de resinas sintéticas en productos intermedios o de uso final. Las principales resinas empleadas son resinas de uso masivo, también llamadas *commodíties* (polietilenos de alta y baja densidad, polipropileno, cloruro de polivinilo, polietileno tereftalato y poliestireno); otras resinas relevantes, aunque de uso menos extendido son los plásticos técnicos (poliamidas).

El mercado de los productos de plástico incluye numerosas ramas productivas; entre las que usan productos de plástico como bienes intermedios sobresalen las dedicadas a la elaboración de equipos y accesorios domésticos (inclusive aparatos de línea blanca y electrónicos) productos farmacéuticos y la industria de autopartes. Alrededor del 60 de la producción se destina a otras industrias en forma de insumo

De acuerdo con datos del Instituto Mexicano del Plástico Industrial, (IMPI, 2017) alrededor de 2,500 empresas integran la estructura productiva de la industria, de estos establecimientos 84 son micro y pequeñas empresas, 12% son empresas medianas y 4 representan firmas grandes; a pesar de la abundancia de empresas de escala pequeña existe una alta concentración de la producción, pues se estima que 20% de las empresas más grandes controlan 80 de la producción total. En cuanto a la distribución regional de las plantas, éstas se concentran en el Distrito federal, así como en los estados de México, Nuevo León y Jalisco. Los procesos de trabajo que predominan son extrusión, inyección y soplado en los que se reúne 72% del consumo aparente total, el resto se divide en rotomoldeo, laminación, calandre y espumado.

Las principales ramas industriales que demandan manufacturas de plástico en el país [en términos de volumen físico] son encabezadas por la del envasado y empacado que recibe 41% de la producción seguida por las de bienes de consumo y construcción.

Sin embargo, en términos de valor de ventas, destaca la fabricación de accesorios y partes para la industria automotriz, que participa con 16% de las ventas totales de la industria y es el segmento individual de mayor importancia.

Fortalezas y debilidades

Potencial de crecimiento: La demanda de productos de plástico se encuentra estrechamente vinculada al crecimiento de la población; en los países con niveles de industrialización medio, el aumento de esta demanda es significativamente mayor al que corresponde a los países industrializados. La incursión en nuevos mercados por medio de la sustitución de materiales tradicionales es otro elemento determinante en la futura expansión de la industria, en este sentido cabe mencionar el caso de la industria de las bebidas, mercado en el que se han sustituido exitosamente los envases de vidrio por los de PET; otro segmento en el que se perciben importantes posibilidades de sustitución es el de los materiales para la construcción (donde predomina el PVC). Las recientes inversiones realizadas para expandir la capacidad productiva de algunas resinas (PET, PS y PVC) ya prevén el dinamismo futuro en el mercado del plástico.

Apoyo al sector exportador.

La industria del plástico mantiene una destacada participación como proveedora de partes para sectores exportadores, dichas exportaciones indirectas facultan a la industria para enfrentar variaciones periódicas de la demanda doméstica. Por otra parte, la producción destinada a los sectores exportadores -entre los que destaca el automotor- se caracteriza por estar configurada, en la mayoría de los casos, por artículos con elevado valor agregado.

Abastecimiento a la industria maquiladora de exportación:

Un nicho de mercado que ofrece notables oportunidades de crecimiento es el de partes y componentes para la industria maquiladora de exportación. Las importaciones de manufacturas plásticas efectuadas por la industria maquiladora crecieron en la última década a una tasa media de 10.3%, llegando a duplicar el valor exportado de la industria de manufacturas plásticas no maquiladoras en el mismo período. El desarrollo de esquemas de proveedurías nacionales será atractivo para la industria maquiladora siempre cuando se cubran satisfactoriamente los puntos críticos respecto a tiempos de entrega, calidad de producto y precio.

Inadecuado abastecimiento de insumos:

Las manufacturas de plástico resienten la insuficiente capacidad en la oferta nacional de resinas (se estima que cerca de tres cuartas partes de los insumos empleados por la industria provienen de fabricantes nacionales, incluyendo a PEMEX[17]), salvo algunas excepciones, como en los casos del PVC, donde existen excedentes y el PET, resina en la que el país es superavitario. Esta deficiencia en el abastecimiento resta dinamismo a la industria y acentúa la dependencia de importaciones para la elaboración de ciertos productos.

Reducida productividad del trabajo de maquinaria.

La productividad promedio del trabajo en la industria es baja, pues mientras que en Estados Unidos y Canadá se registran 50 toneladas/ trabajador al año, en México la relación es de 10 toneladas/ trabajador. Esta diferencia se atribuye también a la tecnología emplea que en parte es obsoleta. En la última década del siglo XX las importaciones de maquinaria y equipo crecieron a una tasa media de 24%, maquinaria en la que predominaron inyectoras, máquinas para moldeo por soplado y extrusoras sin embargo, una parte de la maquinaria había sido usada previamente o no era tecnología de punta. En el siglo actual esta relaciónn aumento 5 puntos porcentuales. Escasa competitividad a escala intencional. La escasez de mano de obra capacitada, aunada a una deficiencia en el diseño de productos ha limitado el uso de nuevas variedades de plástico así

---

[17] Petróleos Mexicanos

como de procesos productivos novedosos que ya se emplean en la mayoría de países industrializados.

Alta fragmentación empresarial.

En la industria del plástico abundan las pequeñas y medianas empresas que operan con niveles de eficiencia heterogéneos impidiendo la normalización de la producción y el establecimiento de economías de escala así como el acceso favorable a los esquemas de financiamiento.

Tendencias y análisis de riesgo

Una de las principales ventajas con que cuenta el país en materia de comercialización de plásticos es la posibilidad de acceder al mercado norteamericano, sea a través de exportaciones directas o en la forma de plásticos transformados en otros productos de uso final. El establecimiento de empresas maquiladoras ofrece a los productores de plásticos la oportunidad para integrarse a cadenas de producción dinámicas, en donde puedan acercarse a técnicas de producción de vanguardia.

Como en años anteriores, los precios de las resinas sintéticas se encuentran en una etapa baja del ciclo, lo que constituye una de las principales ventajas para las empresas transformadoras de plásticos. En el contexto de los precios de resinas se espera que, a pesar de que durante este año puedan presentarse incrementos en la demanda global, los elevados niveles de inventarios impidan una recuperación significativa de modo que las empresas consumidoras de plásticos verán nuevamente beneficios en materia de rentabilidad.

Conclusiones y recomendaciones

Consideramos que el segmento de los productos de plástico para el hogar mantendrá resultados favorables en la segunda década del presente siglo, debido a la relativa fortaleza del gasto de los hogares que, a su vez, favorecería también una recuperación en las ventas de envases y empaques. Debido al elevado peso que tienen las exportaciones sobre las ventas totales de artículos de plástico, la recuperación de la economía norteamericana significaría un impulso decisivo para elevar 105 niveles de ventas el año 2016.

Otro factor que tiene una influencia importante sobre el sector es la demanda de la industria de la construcción, la cual consume grandes volúmenes de perfiles, tuberías y conexiones de PVC y otros plásticos. En este sentido las expectativas para este año son poco favorables debido a la reducción en el gasto gubernamental en materia de construcción de infraestructura

CALIFICACIÓN POR SEGMENTOS

Sector	A	B	C
Artículos de plástico	6	6	5	5
Envasado	5	6	5	5
Película y bolsas	5	5	5	5
Perfiles, tuberías, etc.	6	7	5	5
Partes p/la industria	7	7	5	6
Prods. para los hogares	4	4	4	5

A mercado; B Rentabilidad; C Financiero

Tabla 13. *Calificación de acuerdo a segmentos.* Fuente: SIEM (2017).

Las ventas de artículos se plástico se vieron afectadas en el primer decenio de este siglo, por una reducción en la demanda de productos para el mercado externo así como en algunos de los mercados locales importantes, tales como las industrias de la construcción y del envasado.

En cuanto a su estructura interna, la producción es dominada por los envases y empaques de plástico en sus diferentes modalidades. Recientemente han adquirido relevancia las piezas de resina moldeadas dirigidas al segmento industrial. Existe una planta productiva fragmentada y predominan procesos bajo tecnologías poco avanzadas.

Los bajos precios de las resinas sintéticas favorecen la sustitución de materiales tradicionales por plástico, del mismo modo, permiten una rentabilidad relativamente alta para las empresas transformadoras de plásticos.

El mercado de productos de plástico presenta un escenario poco favorable durante el 2016 debido a la débil demanda por parte del segmento de la construcción y de la incierta recuperación de los mercados de exportación.

Las resinas sintéticas y las fibras químicas son productos intermedios elaborados a base de derivados petroquímicos, tienen un uso extendido como insumos dentro de numerosos procesos industriales, principalmente en los sectores de plásticos y textil. Este sector se caracteriza por ser intensivo en capital y poseer elevadas economías de escala, se desenvuelve favorablemente con la integración vertical;

el cambio tecnológico [liderado por firmas multinacionales] requiere de fuertes inversiones en investigación y desarrollo.

Las resinas y fibras sintéticas son bienes altamente comercializables en los mercados mundiales (commodities) y sus precios se fijan en dichos mercados de modo que se encuentran sujetos a los ciclos económicos globales.

En México la industria se encuentra altamente concentrada en empresas grandes que mantienen escalas de producción a escala mundial y que, en ciertos casos, representan como filiales a importantes firmas multinacionales. La crisis iniciada en la región asiática en 1997, aunada a un excedente de producción provocado por las expectativas positivas de crecimiento de la primera mitad de la década pasada contribuyeron a una sobre oferta de resinas y fibras que se tradujo en una fase recesiva de precios que a la fecha continúa.

Breve historia del giro en México

La historia de los polímeros en general se remonta a partir de la Segunda Guerra Mundial y gran parte de su desarrollo comercial trasciende a partir de la década de los años cincuenta, poniendo como ejemplo a los Estados Unidos de Norte América y Alemania como los máximos exponentes de la industria del plástico.

México participa en el desarrollo de la industria en cuestión a mediados de la década de los sesenta con la introducción de fa fibra de vidrio gracias a la influencia obtenida por parte de los Estados Unidos de Norte América. A partir de la década de los sesenta

México ha tenido la oportunidad de obtener un alto grado de calidad y eficiencia de la industria del plástico reforzado.

En la actualidad la industria del plástico reforzado ha tenido gran aceptación por parte de los consumidores y se exportan artículos hechos con fibra de vidrio a los principales mercados internacionales.

Productos del giro, el caso de la macetas en PRFV.

La clasificación de los plásticos reforzados con fibra de vidrio (PRFV), varían dependiendo del arreglo de la fibra de vidrio y se pueden considerar tres tipos:

- Las hebras de FV[18] se colocan en forma paralela, de resistencia unidireccional y se utiliza este arreglo paralelo en caparazones para motores de cohete, palos de golf y cañas de pescar, para este arreglo se utiliza la denominada fana de fibra de vidrio.
- El arreglo bidireccional es cuando las hebras FV se colocan vertical y horizontalmente. La resistencia es menor que en el arreglo paralelo y es usado en botes y albercas.
- Arreglo isotrópico (con propiedades físicas idénticas en todas las direcciones). Las hebras se colocan al azar, la resistencias es igual en todos los sentidos, pero el refuerzo es menor y se ubica en fa colchoneta de FV; es utilizada en la producción de cascos de protección, sillas, partes eléctricas y valijas entre otros.

---

[18] Fibra de vidrio

Las características de un buen producto del giro deben ser:

- Su naturaleza le permite conservar sus propiedades con el tiempo, además de ser uno de los materiales más fuertes que se conocen.
- La impregnación perfecta de las resinas termoendurentes (poliéster, epóxicas) por su estado líquido y por endurecer fácilmente, es rápida de conformar.
- Los artículos terminados presentan magníficas propiedades físicas, mecánicas y eléctricas; muy buena resistencia química y a la intemperie, exentos de corrosión electrofítica y de otro tipo de degradación, además de tener un costo moderado.

Por su importancia dentro del giro se ha escogido la fabricación de macetas de PRFV, como el producto que se detalla en la presente. Lo anterior por tratarse de un producto de elevada demanda y de altas cualidades que compiten con los metales.

Demanda, tamaño del mercado y nichos existentes

- Este producto ha mantenido un elevado crecimiento en cuanto a su demanda, basado en las características del producto y en la variedad de su uso.
- La demanda es continua y el mercado no está saturado.
- El producto es utilizado por todo tipo de población; su uso y aplicación de amplia variedad, permite una demanda continua.
- En el mercado nacional el producto tiene demanda pero es conveniente continuar con el desarrollo de los mercados de exportación.

- El precio del producto final se ha incrementado en la misma proporción en la cual ha crecido el índice nacional de precios al consumidor.
- No existe competencia internacional en este producto dentro del mercado nacional.

Equipo y operaciones

El proceso de elaboración de plástico reforzado con fibra de vidrio es homogéneo y solo difiere la presentación en colchoneta, tela o lana de fibra de vidrio.

En cuanto al grado de actualización tecnológico en el giro se destaca lo siguiente:

- Microempresa/artesanal:

Se trata de un proceso sencillo de transformación y de asimilación entre las capas de fibra de vidrio y la resina; no se presentan cambios o modificaciones sustanciales.

- Pequeña empresa:

El proceso continua siendo tradicional y solo cambia la forma de aplicación que es de rociado y se incrementa el número de máquinas de rociado y de moldes. Los rangos de producción para el giro se muestran en el cuadro adjunto:

Tamaño de la empresa	Escala (rango de producción)
• Micro-empresa/artesanal:	de 1 pieza a 42,860 piezas/año
• Pequeña empresa:	de 42,860 a 333,300 piezas/año
• Mediana empresa:	de 333/300 a 905,000 piezas/año
• Gran empresa:	Más de 905,000 piezas/año

Tabla 14. *Tamaño de la empresa de acuerdo al rango de producción*. Fuente: SIEM, (2017).

El proceso productivo, en forma sintética, comprende las etapas señaladas como sigue:

Recepción de materia prima

- preparación del molde
- corte de la colchoneta
- picado
- curado
- desmolde
- pintado
- inspección
- empaque
- almacenamiento (bodega).

Particularidades del giro: Los requerimientos o normas sanitarias y de calidad que debe cumplir el producto son fundamentales tanto para los existentes en el mercado como cuando se introduce un nuevo producto.

Problemática ambiental del giro: A continuación se señalan los aspectos o normas ambientales más relevantes que afectan la ubicación e instalación de una planta de este giro.

Para poder iniciar la operación de la empresa se debe contar con la licencia de funcionamiento y uso de suelo.

Relación de normas aplicables respecto al producto: técnicas, calidad, sanitarias, entre otras.

Nombre	Número	Fecha	Descripción Contenido General
• Manejo de sustancias químicas	NOM-010-STPS-1994	8/7/1994	Contenidos de seguridad e higiene en los centros de trabajo donde se produzcan, almacenen o manejen substancias químicas capaces de generar contaminación en el medio ambiente laboral
RUIDO:			
• Nivel Sonoro	NOM-080-STPS-1993	14/1/1994	Higiene Industrial. Medio ambiente laboral, determinación del nivel sonoro continuo equivalente, al que se exponen los trabajadores en los centros de trabajo.
• Generación de Ruido	NOM-011-STPS-1993	6/7/1994	Condiciones de seguridad e higiene en los centros de trabajo donde se genere ruido.
NORMAS DE SEGURIDAD:			
• Seguridad	NOM-106-STPS-1994	11/1/1996	Polvo químico seco tipo BC, a base de bicarbonato de sodio.

• Seguridad	NOM-109-STPS-1994	16/1/1996	Prevención técnica de accidentes en máquinas y equipos que operan en lugar fijo. Protectores y dispositivos de seguridad, tipos y características.
• Prácticas de Higiene	NOM-120-SSAI-1994	28/8/1995	Bienes y servicios, prácticas de higiene y seguridad para bienes y servicios.
• Seguridad e higiene	NOM-001-STPS-1993	8/6/1994	Condiciones de seguridad e higiene en las edificaciones, locales, instalaciones y áreas de los centros de trabajo.
• Seguridad	NOM-002-STPS-1994	20/7/1994	Condiciones de seguridad para la prevención y protección contra incendio en los centros de trabajo.
• Seguridad	NOM-004-STPS-1993	13/6/1994	Sistemas de protección y dispositivos de seguridad en la maquinaria, equipos y accesorios en los centros de trabajo.
• Seguridad e higiene	NOM-006-STPS-1993	3/12/1993	Condiciones de seguridad e higiene para la estiba y desestiba de los materiales en los centros de trabajo.
• Seguridad e higiene	NOM-016-STPS-1993	6/7/1994	Condiciones de seguridad e higiene en los centros de trabajo referente a ventilación.
• Seguridad	NOM-017-STPS-1993	24/5/1994	Equipo de protección personal para los trabajadores en los centros de trabajo
• Seguridad e higiene	NOM-019-STPS-1993	22/10/1997	Constitución y funcionamiento de las Comisiones de Seguridad e Higiene en los centros de trabajo

• Seguridad	NOM-020-STPS-1993	24/5/1994	Medicamentos, materiales de curación y personal que presten los primeros auxilios en los centros de trabajo
• Seguridad	NOM-021-STPS-1993	24/5/1994	Requerimientos y características de los informes de los riesgos de trabajo, para integrar las estadísticas
• Seguridad	NOM-025-STPS-1993	25/5/1994	Niveles y condiciones de iluminación que deben tener los centros de trabajo
• Señales de Seguridad e Higiene	NOM-027-STPS-1994	27/5/1994	Señales de seguridad e higiene

Tabla 15. *Normas oficiales mexicanas (NOM), Aplicables.* Fuentes:

Secretaria de economía, (2017b), GOB.MX, (2017).

Capítulo 3
Planeación estratégica
en una empresa de diseño: DPSA

DIAGNÓSTICO EMPRESARIAL JICA

En los anteriores renglones he puntualizado en el contexto y los antecentes que guarda la empresa DPSA, en el siguiente apartado se hace la propuesta con base a las herramientas administrativas y el análisis del entorno económico y social.

Análisis DOFA

FORTALEZAS	OPORTUNIDADES
1. Excelente calidad en los productos	1. Nuevas alianzas estratégicas para apoyo en distribución y ventas.
2. Los dueños con perfil profesional en diseño	2. Nicho de mercado en la Cd. de Toluca en el área de diseño de carrocerías y maquila de carrocerías en prfv y servicio a la industria en general.
3. Dueños con experiencia en el área carrocera y de diseño	
4. Mano de obra calificada	
5. Establecida como Sociedad Anónima de Capital Variable	3. Existe solo un competidor directo en la Cd. De Toluca
6. Apoyo adecuado del área contable (staff)	4. Toluca y la zona centro requieren gran variedad de servicios en cuanto a fibra de vidrio
7. Proceso de producción flexible	
8. Inversión continúa en Investigación y Desarrollo	5. Necesidad del sector carrocero en cuanto a diseño y fabricación de piezas
9. Diversidad de conocimientos de los dueños que abarcan la generalidad de áreas de la empresa	6. Las importaciones superan las exportaciones. Las exportaciones apenas implican el 35 de las importaciones. En el presente año (primer semestre, el comportamiento se mantiene en el mismo porcentaje)
10. Los dueños son empleados de tiempo completo dentro de la organización	
11. Organización por áreas y funciones respetadas	
12. No se cuenta con stock de producto terminado. Se trabaja sobre pedido	7. El exceso de oferta de resinas y fibras en el mercado mundial ha provocado la reducción en sus precios.

13. Diversidad de penetración de mercados, o diversidad de clientes 14. Se cuenta con equipo de comunicaciones: telefonía, fax, Internet, sistemas de cómputo, cámara digital, transporte para distribución de productos.	8. El potencial de crecimiento que ofrece el mercado mexicano es alto, aunque comparado con EEUU, este es reducido **(20 vs. 50 kg respectivamente)** 9. La proximidad con el mercado Norteamericano es una ventaja en el marco del TLCAN 10. En este sentido las exportaciones de resinas y subproductos se encuentran libres de aranceles desde 1994 11. México es un importante productor de hidrocarburos, mp básico para las resmas, catalizadores y monómeros 12. A partir del año 2000, los precios iniciaron una senda creciente que, aunque lenta permitirá llegar a niveles de rentabilidad elevados en el año. 13. Los bajos márgenes que los productores enfrentaron a mediados de los años pasados provocaron un cambio en las estrategias de las compañías, ocasionando fusiones y adquisiciones, esto permite que algunas compañías productoras de mp se consoliden y sean más competitivas, tal es el caso de Grupo Desc y Repsol Química, o bien Grupo BASF y Shell. 14. Los mercados que ejercen mayor influencia sobre el crecimiento de la demanda son el automotor, de la construcción, productos electrónicos y empacados y envasado. 15. Las piezas de resina moldeadas dirigidas al segmento industrial, en el presente año están adquiriendo mayor relevancia.

DEBILIDADES	AMENAZAS
1. No se conoce a profundidad el mercado, ya que no ha existido una adecuada segmentación del mismo.	1. Escasa mano de obra calificada
2. Nulo control de operaciones, internas	2. Área carrocera y de la construcción muy volátiles según la economía
3. No existen métodos de interno	3. Altas tasas de interés
4. Sistema organizacional incipiente	4. Economía nacional en crisis
5. El área administrativa es la única que registra y lleva a cabo algunos controles.	5. Comparado con otros productos del giro, la resina poliéster solo ha aumentado su crecimiento en los últimos 3 años en un 5.8% (otros: pvc – 23%, pe -22.3%)
6. Ciclo financiero amplio 30 a 45 días	
7. Los altibajos en el ritmo de ventas afectan seriamente la salud financiera de la empresa.	6. La relación PP/IMP. (precio productor/precio de materiales) es inferior a la unidad que en razones financieras denota rentabilidad.
8. Nula maquinaría sofisticada	
9. No se cuenta con pistolas de aplicación de gel coat, ni con un aspersor los cuales acelerarían el proceso de producción.	7. Dentro de la industria de los plásticos, el prfv y su proceso de moldeo no impacta como: LDPE, HDPE, PP, PS; La industria es dominada por envases y empaques de plástico.
10. No se pone en marcha muchas actividades orientadas al manejo y control de las operaciones	
11. No se cuenta con un stock de materiales	8. Solo una industria en la zona industrial de Toluca produce las materias primas necesarias para que la empresa funcione. Otras empresas se localizan en el DE. Guadalajara. Puebla, y en el Norte del País.
12. Proceso de producción artesanal	
13. No compite en el mercado con altos volúmenes	
14. Existe carencia de capital de trabajo pero no de inversión	
15. No se ha recuperado la inversión inicial	9. PEMEX Petroquímica, como el principal proveedor de ciertos insumos, no cuenta con la suficiente capacidad instalada para abastecer la demanda nacional, esto implica elevados precios de materias primas y producto final.
16. Reestructuración interna, salida de 2 socios, lo cual implicó desaceleración y desequilibrio.	
17. Trabajo Continuo, pero ingresos discontinuos debido a ciclos financieros largos y carencia de nuevos clientes.	10. Otros productos que presentan desabasto son: monórneros de estireno, etanol y pentaertritol

18. Bajo control en cobranzas
19. Bajo ritmo de capitalización
20. Nulo acceso al crédito por
   ¡instituciones financieras
	11. El mercado de productos de
	   plástico presenta un escenario
	   poco favorable debido a la
	   débil demanda por parte del
	   segmento d la construcción y de
	   la incierta recuperación de los
	   mercados de exportación.

Tabla 16. *Análisis DOFA*. Propuesta

CUESTIONARIO TQC (JICA)

CUESTIONARIO SITUACION DE LA EMPRESA

NIVEL DE LA SITUACIÓN ACTUAL (APLICA EN LOS TRES NIVELES)

ELEMENTOS DE LA EMPRESA / SITUACIÓN ACTUAL	BAJO	PTS	MEDIO	PTS	ALTO	PTS	TOTAL DE PUNTOS	CERTEZA DE INFORMACIÓN MALO	REGULAR	BUENO
A: ASPECTOS BASICOS EN LA COMPAÑÍA										
1. Trabajar en equipo	No existe	-	Relación con los empleados y los trabajadores 10-20%		Relación con los empleados y los trabajadores 50%					
1.1 Trabajar en conjunto con la gerencia	En conflicto	0	Ni en conflicto ni en cooperación	*5	Se da el trabajo en equipo	10	(5)	A	B	C
2. La operación diaria										
2.1 Finanzas	Pérdidas acumuladas y dificultad financiera	0	Pocas Utilidades	*5	Muchas Utilidades	10	(5)	A	B	C
2.2 Materia Prima	Frecuentemente escasez de material o de lento movimiento u obsoleto	*2	Ningún problema en el abastecimiento de material, contando con mucho inventario	6	Ningún problema en el abastecimiento de material, manejando un inventario razonable.	10	(2)	A	B	C
2.3 Maquinaria	Frecuentes averías de la maquinaria y mala planeación de la producción	2	Averías de la maquinaria sin detener la producción	6	Operación normal	*10	(10)	A	B	C
2.4 Personal	Escasez crónica de personal y mucha rotación / Nivel muy bajo de habilidades	1 / 1	Casi ninguna escasez de personal pero valor alto de trabajo / Nivel medio	*3 / 3	Poca rotación de personal / Alto nivel de habilidades	5 / *5	(10)	A	B →	C
2.5 Métodos de trabajo	Muchos problemas serios en la organización y la operación diaria	*2	Muchos problemas pero no tan serios	6	Buena organización, manejando y estableciendo reglas adecuadamente	10		A	← B	C
Seguridad e Higiene										
3.1 Seguridad	Posibilidad de accidentes serios	1	Ningún control de seguridad, pero ninguna posibilidad de accidente serio	*3	Industrialmente creciendo, ya que cuentan con medidas de seguridad en la planta	5			B →	
3.2 Higiene	Posibilidad de problemas serios en la salud	*1	Ningún control para el peligro en la salud pero ninguna posibilidad de problemas serios.	3	No existen problemas sobre riesgos para la salud, ya que toman todas las medidas necesarias	5	(4)	A	B	C

Cuestionario 1 y 2. *Aspectos básicos de la compañía.* Instrumento: Análisis JICA.

CUESTIONARIO SITUACIÓN DE LA EMPRESA

ELEMENTOS DE LA EMPRESA	NIVEL DE LA SITUACIÓN ACTUAL (CIRCULA EN UNO DE LOS TRES NIVELES)						TOTAL DE PUNTOS	CERTEZA DE INFORMACIÓN		
SITUACIÓN ACTUAL	BAJO	PTS	MEDIO	PTS	ALTO	PTS	TOTAL DE PUNTOS	MALO	REGULAR	BUENO
B: EL AMBIENTE DEL NEGOCIO										
1 Condiciones de la rama o la industria	Industria declinante	0	Industria madura, algunas áreas son negativas	5	Industria creciente	*10	(10)	A	B	C
2. Los productos que produce la compañía o los que se comercializan	La mayoría de los productos o las mercancías no son aceptables	0	Algunos productos o mercancías no son aceptables	5	La mayoría de los productos son aceptables	10	(10)	A	B	C
C: EL MEJORAMIENTO DE LA COMUNICACIÓN										
1. Comunicación										
1.1 La gerencia general y la organización	Problemas frecuentes de comunicación	0	Problemas no tan serios de comunicación	*1	Ningún problema de comunicación	2				
1.2 La gerencia general y representantes de áreas	Problemas frecuentes de comunicación	*0	Problemas no tan serios de comunicación	1	Ningún problema de comunicación	2				
1.3 Representantes de áreas y supervisores con trabajador	Problemas frecuentes de comunicación	0	Problemas no tan serios de comunicación	*1	Ningún problema de comunicación	2	(3)	A	B	C
1.4 Representantes de áreas y supervisores con trabajador	Problemas frecuentes de comunicación	*0	Problemas no tan serios de comunicación	1	Ningún problema de comunicación	2				
	La mayoría de los gerentes raramente observan el nivel operativo	0	Algunos de los gerentes observan estrechamente	*1	Todos los gerentes observan estrechamente	2	(4)	A	B	C
2. Fijación de los objetivos apropiados										
2.1 Misión y objetivos de la empresa	Ningún objetivo, simplemente haciendo trabajo diario	0	Objetivos insuficientes o no aplicables	*2	Objetivos a largo y corto plazo involucrando al personal	4				
2.2 Objetivos del depto.	Ningún objetivo, simplemente haciendo trabajo diario	*1	Objetivos insuficientes o no aplicables	2	Objetivos a largo y corto plazo involucrando al personal	3				
2.3 Lugar de trabajo	Ningún objetivo, simplemente haciendo trabajo diario	*1	Objetivos insuficientes o no aplicables	2	Objetivos a largo y corto plazo involucrando al personal	3				

Cuestionario 3. *Ambiente del negocio; Comunicación.* Instrumento: Análisis JICA.

CUESTIONARIO SITUACIÓN DE LA EMPRESA
NIVEL DE LA SITUACIÓN ACTUAL (APLICA EN LOS TRES NIVELES)

ELEMENTOS DE LA EMPRESA SITUACIÓN ACTUAL	BAJO	PTS	MEDIO	PTS	ALTO	PTS	TOTAL DE PUNTOS	CERTEZA DE INFORMACIÓN MALO REGULAR BUENO (A B C)
1. Reconocimiento								
3.1 Para los Gerentes								
3.1.1 Sistema para el reconocimiento	Ninguna aplicación de reconocimientos o sanción	*0	Intermedio	1	Cada paso se reconoce como un paso hacia el éxito	2		
	Los dueños buscan utilidades únicamente	0	Intermedio	*1	El esfuerzo para un mejor futuro está en constante evaluación	2		
3.1.2 Métodos para el mejoramiento	La mayoría de los Gerentes actúan sin iniciativa	0	Intermedio	1	La mayoría de los gerentes tienen espíritu pionero	*2	(6)	C
3.1.3 Sistemas para el trabajo en equipo	No existen equipo de trabajo	0	Intermedio	*1	Contemplan una organización formal y bien estructurada	2		
3.1.4 Métodos para el trabajo en equipo	La mayoría de los gerentes están involucrados solamente en actividades que se realizan en su departamento	0	Intermedio	1	La mayoría de los gerentes están dispuestos a colaborar para lograr las metas fijadas por la empresa	*2		
3.2 Trabajadores								
3.2.1 Sistemas para el mejoramiento	No se permite ninguna falla ya que se aplica castigo	0	Intermedio	*1	Cada fracaso se reconoce como un paso al éxito	2	(3)	C
	Busca exclusivamente el mejoramiento en su trabajo no se involucra con otras áreas	0	Intermedio	1	Los mejoramientos de su lugar de trabajo dan un buen incentivo	*2		
3.2.2 Métodos para el mejoramiento del producto	Todos los trabajadores actúan sin iniciativa	0	Intermedio	1	Muchos trabajadores tienen una actitud positiva	*2		
3.2.3 Sistemas para fomentar el trabajo en equipo	Realización de sus actividades en forma individual no permite ayuda de otros trabajadores	0	Intermedio	1	Sus funciones son flexibles, el cual pueden ayudarse uno con el otro	*2		
3.2.4 Métodos para el trabajo en equipo	La mayoría de los trabajadores están involucrados únicamente sobre su propio trabajo	*0	Intermedio	1	La mayoría de los trabajadores están dispuestos a colaborar para lograr una mejora	2	(4)	C

Cuestionario 3. *Comunicación.* Instrumento: Análisis JICA.

CUESTIONARIO SITUACIÓN DE LA EMPRESA

NIVEL DE LA SITUACIÓN ACTUAL (CIRCULA EN UNO DE LOS TRES NIVELES)

ELEMENTOS DE LA EMPRESA / SITUACIÓN ACTUAL	BAJO	PTS	MEDIO	PTS	ALTO	PTS	TOTAL DE PUNTOS	CERTEZA DE INFORMACIÓN (BAJA REGULAR BUENA) A B C
1. El compromiso de la gerencia y la productividad								
4.1 Gerencia General y todo el personal	Interesado únicamente en las utilidades no tiene ningún interés en el mejoramiento de la productividad	0	Le interesa obtener utilidades, contemplando algún interés sobre el mejoramiento de la productividad	1	Están dispuestos a trabajar muy duro para mejorar la productividad	*2		
4.2 Ejecutivos y mandos medios	Solamente inspección	0	Le interesa obtener utilidades, contemplando algún interés sobre la productividad	1	Están dispuestos a trabajar muy duro para mejorar la productividad	*2	(4)	
D. NORMAS DE LAS 5S DE LA CALIDAD								
1. La Norma de las 5S								
1.1 Limpieza (SEISO)	Trabajar en un lugar sucio, materiales esparcidos sobre las máquinas y se ensucian	0	Trabajar en la limpieza de las máquinas sobre la superficie pero no en todos los rincones / La limpieza es imperfecta	*1	El lugar de trabajo de las máquinas se limpia completamente	2		
1.2 Clasificación (SEIRI)	Muchos artículos extraños están en el lugar de trabajo	0	Intermedio	1	Los artículos son los necesarios en el lugar de trabajo y se clasifican	3	(7)	
1.3 Orden (SEITO)	Los trabajadores pasan el tiempo buscando algún documento o herramienta importante	0	Intermedio	*1	Las cosas se arreglan siempre en orden para el acceso rápido			
1.4 Pulcro (SEIKETSU)	El lugar de trabajo no puede mantenerse en condiciones limpias aunque los barrenderos limpien el lugar	0	Intermedio	1	Todos los trabajadores recuerdan que se debe trabajar en un lugar limpio y ellos mismos lo realizan en conjunto con la gerencia			
1.5 Disciplina (SHITSUKE)	No existe disciplina la gente hace lo que quiere.	0	Mantenimiento orden y trabajando con disciplina	*1	Preparando para mañana lo que se va a utilizar dejando el lugar limpio			

Cuestionario 4.1. *5S de la Calidad.* Instrumento: Análisis JICA.

CUESTIONARIO SITUACIÓN DE LA EMPRESA
NIVEL DE LA SITUACIÓN ACTUAL (APLICA EN LOS TRES NIVELES)

ELEMENTOS DE LA EMPRESA SITUACIÓN ACTUAL	BAJO	PTS	MEDIO	PTS	ALTO	PTS	TOTAL DE PUNTOS	CERTEZA DE INFORMACIÓN (MALO REGULAR BUENO) A B C
2. Sistemas								
2.1 Hardware	Ninguna medida de seguridad	*1	Algunas medidas de seguridad	2	Buen equipo dándose una retroalimentación	4		
2.2 Software	Ninguna operación estandarizada	0	Algunas operaciones de estandarización	*3	Con relación a la operación las normas se establecen bien y se cumplen completamente	6	(4)	C
3. Proceso Administrativo								
3.1 Mensual & Semanal								
3.1.1 Planificar	No existen planes.	0	Existen planes establecidos pero no completamente	*1	Bien establecido	2		
3.1.2 Verificar y actuar	Ninguna revisión y acción	*0	Comprobando pero las acciones no son siempre asignadas.	2	Comprobando a tiempo tomando decisiones oportunas.	4	(1)	C
3.2 Diario								
3.2.1 Planificar	No existen planes.	*0	Estableciendo pero no firmemente.	1	Bien establecido	2		
3.2.2 Verificar y Actuar	Ninguna revisión y acción	*0	Chequeo constante pero las acciones no son apropiadas.	1	Comprobando a tiempo, tomando decisiones oportunas.	2		
4. El control de la calidad								
4.1 Promedio de errores	Bajo nivel en la empresa	0	Ningún nivel medio en la empresa	*3	Nivel de gerencia	5		
4.2 Funcionamiento del control de calidad	Solamente inspección	*0	1 o 2 personas se comprometen en la calidad de mejoramiento	3	La empresa tiene una sección o departamento de control de calidad	5	(3)	C
1. Ingeniería Industrial								
5.1 Producción y costos	Niveles bajos de controles	*1	Nivel medio en la industria	3	Nivel alto en la industria	5		
5.2 Organización de la Ingeniería Industrial	No existe ingeniería industrial	*1	Algunas personas se comprometen con el mejoramiento de la Ingeniería Industrial	2	Cuentan con un departamento de ingeniería industrial	3	(2)	C

Cuestionario 4.2, 4.3, 4.4, 4.5, 5S de la Calidad. Instrumento: Análisis JICA.

CUESTIONARIO SOBRE LA SITUACIÓN DE LA EMPRESA

NIVEL DE LA SITUACIÓN ACTUAL (APLICA EN LOS TRES NIVELES)

ELEMENTOS DE LA EMPRESA	BAJO	PTS	MEDIO	PTS	ALTO	PTS	TOTAL DE PUNTOS	CERTEZA DE INFORMACIÓN MALO REGULAR BUENO
SITUACIÓN ACTUAL								
5.3 Funcionamiento de la industria	No se utilizan normas de control de calidad	*0	Comprometido con el mejoramiento de la productividad en algún alcance	1	Es comprometido por todo el personal para mejorar la productividad	2	(0)	
1. Círculos de Calidad								
6.1 Participación	No existen círculos de calidad	*0	Algunos círculos de calidad	3	Muchos círculos de control de calidad	5		
6.2 Actividades							(1)	A B C
6.2.1 Participación activa en los círculos de calidad	No existe	*1	Algunos círculos de calidad	2	La mayoría de los círculos de calidad son activos	5		
6.2.2 Revisiones de la compañía en la aplicación de círculos de calidad	Bajo	*0	Una vez al año	1	Dos veces al año o más	2		

Cuestionario 4.6, *5S de la Calidad.* Instrumento: Análisis JICA.

TABLA DE PONDERACIONES
DFP DISEÑO Y FORMAS EN PLÁSTICO

Área funcional	Grupal	Calificaciones			
Administración y finanzas		Ideal	%	Variación	%
	Trabajar en conjunto con la gerencia	10	5	5	2.5
	Finanzas	10	5	5	2.5
	Personal	10	5	10	5
	Comunicación	10	5	3	1.5
	Fijación de objetivos	10	5	4	2
	Reconocimiento	10	5	6	3
	Proceso administrativo	10	5	1	0.5
	Métodos de trabajo	10	10	10	5
	Métodos para el mejoramiento y la productividad	10	5	4	2
		90	45	48	24
Manufactura					
	Materia prima	10	10	2	1
	Maquinaria	10	10	10	5
	Seguridad e higiene	10	10	4	2
	Ingeniería industrial	10	10	2	1
		40	20	18	9
Mercadotecnia					
	Condiciones de la rama o industria	10	5	10	5
	Productos	10	5	10	5
		20	10	20	10
Control de calidad					
	Normas de calidad 5s de calidad	10	5	7	3.5
	Control de calidad	10	5	3	1.5
	Círculos de calidad	10	5	1	0.5
	Sistemas para el mejoramiento	10	5	3	1.5
	Sistemas	10	5	4	2
		50	25	18	9
		200	100	104	52

Tabla 16. *Ponderaciones.* Análisis JICA

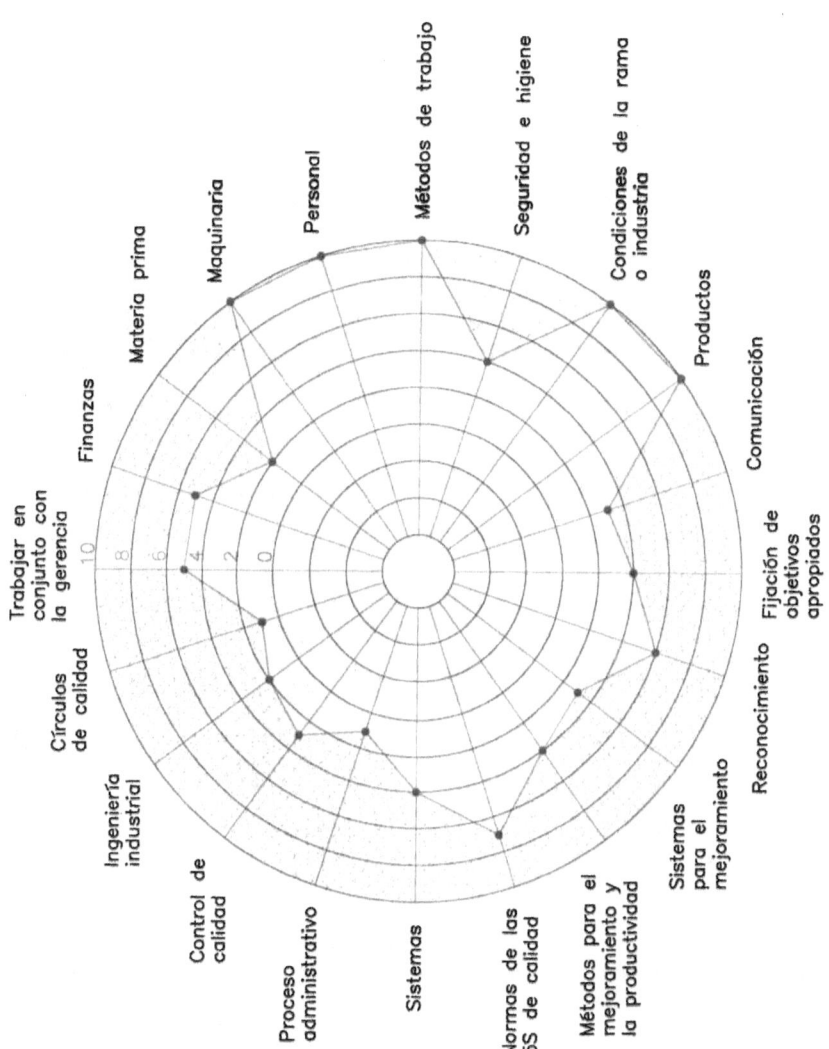

Gráfico 4. *Radar de la empresa.* Análisis JICA

Conclusiones

Definición de la problemática

La información obtenida en el presente apartado, es el resultado de la aplicación de la herramienta presentada como autodiagnóstico empresarial JICA. Las características particulares de la herramienta como su nombre lo dice, indican que esta puede ser aplicada por los propios empresarios, gerentes y/o directivos de la misma organización. De este modo, la aplicación del cuestionario se ha llevado a cabo en cada una de las áreas de DPSA. La observación, el análisis visual y de documentación de todos y cada uno de los procedimientos así como las entrevistas directas con los empleados, han sido parte fundamental de la recopilación de tos datos.

Los criterios de evaluación se han considerado tomando en cuenta los parámetros indicados por la metodología y la situación presentada en la organización, esto es por ejemplo: La puntuación que la metodología otorga al parámetro es 2 puntos, 6 puntos y 10 puntos; bajo, medio, alto respectivamente; Es entonces que la apreciación de la persona que aplica la herramienta entra en función. Por tal motivo, el empresario al considerar todas las variables anteriormente mencionadas, asigna un valor que en función de la gama presentada su criterio considera.

Es importante mencionar por lo tanto, que esta herramienta, no puede ser aplicada por personas no involucradas en la empresa, por el contrario, la consideración a su aplicación está íntimamente relacionada con el conocimiento profundo de cada área y esto implica directamente a jefes, gerentes y/o el propio empresario; En todo caso tal herramienta puede aplicarla también un consultor profesional.

Como se observa con los resultados cuantitativos que arrojan la aplicación del autodiagnóstico, la empresa presenta serios problemas que impiden su funcionamiento. Tales problemas resaltan dentro de los puntos de Operaciones: maquinaria, calidad, sistemas y procesos de administración, finanzas, comunicación, métodos para el mejoramiento de la productividad, etc. PDSA es una empresa que se maneja con procedimientos de la 2RI.

La conclusión ideal que dado el diseño de la herramienta empleada: -hablando en particular del mapa radar- al graficar los puntos obtenidos se debería representar una circunferencia, sea cual sea su posición: muy alejado al centro o cercano al centro pero siempre en circunferencia. Esto proporciona una analogía básica definida como: "la rueda gira" "la empresa gira". Esta herramienta de diagnóstico es por excelencia visual, por excelencia gráfica. Sí en la puntuación obtenida resulta que al unir los puntos se obtienen ángulos, vértices o arístas, es claro que la empresa presenta conflictos. Más aún, si estos segmentos de líneas varían radicalmente del centro al exterior de las circunferencias guía. Este es el caso.

Considerando dentro de la imagen ideal que debiera ser presentada en el Mapa de Radar, - dentro de la herramienta utilizada-, se observa la irregularidad gráfica que en poco se parece a un círculo. Los puntos que la herramienta recomienda atender son particularmente el proceso administrativo y los sistemas de calidad. En consecuencia la productividad y el abastecimiento oportuno de materia prima se presentan como un problema. Por otro lado, as condiciones que se presentan en el ramo o sector industrial son en sí mismas prósperas, por supuesto, con altibajos por la economía nacional y el límite de crédito presentado a la micra empresa.

Dado lo anteriormente presentado y reconocido dentro de la empresa, los principales problemas presentados, han sido una consecuencia de la visión orientada hacia un solo sector: el sector carrocero; y la incipiente participación dentro de mercados como la construcción con productos erróneamente orientados, o bien en tal caso, con una falta clara de estudio de mercado. La consecuencia en si, se visualiza como la nulidad de flujo de efectivo con lo que la empresa pueda sostener sus operaciones diarias, y por ende el freno de crecimiento por investigación y desarrollo e inversión en la apertura de nuevos mercados.

En el siguiente capítulo se pretenderá confirmar tales datos con los resultados que emanen de los análisis de mercado, interno y externo, así como el análisis competitivo y la evolución del sector. El autodiagnóstico empresarial JICA nos ha servido para que de forma general la problemática que la empresa presenta sea representada y observada como un síntoma de posible enfermedad.

PLANEACIÓN ESTRATÉGICA EN DPSA

PROPUESTA PARA EL DESARROLLO

El capítulo anterior, ha sido el acercamiento para definir cuales en lo general son las áreas en las que la empresa Diseño Plástico tiene fortalezas y debilidades, del mismo modo, nos ha servido para definir dentro de cada área cuales son aquellos puntos medulares en los cuales la empresa tiene tanto oportunidades como amenazas. El presente capítulo tiene como propósito definir cuál es el camino adecuado a seguir en la empresa D.P.S.A., el cual la soporte y la empuje a adquirir una estabilización y un crecimiento continuo.

Como se ha podido observar en el capítulo anterior, la empresa objeto de este estudio, a sus 18 años de existir en el mercado, no ha tenido la implementación de métodos que le sirvan de base y de guía para llevar a cabo cada una de sus operaciones con éxito. La empresa inicia actividades con tres socios, dos de los cuales no tienen, tiempo (ya que cuentan con un empleo que les absorbe el cerca del 80 de su tiempo), y visión adecuada para lograr que durante estos tres años la empresa se consolidara en su área inicial, que es la de fabricación de carrocerías.

Por otro lado, el sector que en sus inicios atiende la empresa, es un sector que cuya estabilidad es muy volátil y el cual por su complejidad, se encuentra en grandes riesgos en distintas situaciones tal es el caso de las recesiones económicas y de las temporadas como es el inicio y término del año, en donde la economía nacional sufre fuertes desaceleraciones, estoy hablando del sector carrocero.

Si bien los polímeros son un sector manufacturero sólido, en el caso del plástico reforzado en fibra de vidrio PRFV, y cuyas aplicaciones sean sectores volátiles como el caso anterior menciona, se sufren fuertes desequilibrios, los cuales generan riesgos de hacer que las empresas dedicadas al mismo se desestabilicen e incluso lleguen a morir.

Siendo la empresa DPSA una empresa micro y aún joven, y carente de una planeación adecuada, se propone implementar un sistema de planeación estratégica orientada fuertemente a los mercados, área en la cual se han identificado las principales debilidades.

Reconocimiento o Análisis del mercado

A continuación se presenta un análisis general del mercado y las circunstancias que guarda la empresa con respecto al mismo. Este análisis nos dará el acercamiento real al segmento y nichos de mercado existentes y permitirá visualizar la situación actual de la empresa con respecto a sus competidores.

FACTOR ANALIZADO	OBSERVACIONES
¿Cuáles son nuestros productos y servicios?	Carrocerías de autobuses foráneos
	Moldes y Modelos para fabricación de carrocerías de autobuses foráneos y urbanos
	Tejas para techos de casas o edificios
	Lavabos para baños
	Faroles de piso y arbotantes
	Casas para perro
	Platos de levantado para la industria alimenticia de botanas Conos para estacionamiento
	Espejos para baño
¿Cuál es nuestro segmento de mercado?	Industria Carrocera 60%
	Industria de la Construcción 20%
	La iniciativa privada en diversos ámbitos 10%
	10% equivalente a diversos servicios.

¿Quiénes son nuestros clientes?	2 Pequeñas empresas del sector carrocero 1 Gran empresa de la industria alimenticia incluyendo 3 de sus filiales No existen clientes de la industria de la construcción, se encuentran en desarrollo. Sin embargo se cuenta con una amplia gama de productos
¿Cómo nos observan nuestros clientes?	Confiables por calidad, precio y servicio a excepción de un Cliente carrocero, el resto se ha manejado en entregas puntuales y servicio ágil.
¿Tenemos ventajas en precio, calidad, servicio?	Se tiene ventaja sobre la competencia en cuanto a calidad, precio (utilidades bajas), servicio y flexibilidad
¿Cuál es el ciclo de vida del mercado?	La industria carrocera se encuentra consolidada y estable, pero con problemas económicos a inicio y fin de año o según situación económica global y nacional. Los productos no dependen de temporadas, sino de volumen o producción de camiones y construcciones. En cuanto a la industria alimenticia, los requerimientos de productos son esporádicos y sobre pedido. Existe potencial en el mercado por la variedad y diferenciación de nuestros productos.

Tabla 17. *Análisis de mercado.*

ANÁLISIS DE LOS COMPETIDORES SEGÚN EL SEGMENTO DE MERCADO

SEGMENTO DE MERCADO	COMPETIDORES	LOCALIZACIÓN
Industria Carrocera	1. Carroceras con áreas internas de diseño y fabricación de plásticos: CARHESA. CATOSA, BUSMEX, NEOBUS, PENTAR 2. Carroceras con áreas internas de diseño y fabricación de plásticos: AYCO, RECCO, EUROCAA, DINA, VOLVO, IRIZAR, MASA. 3. Talleres de fabricación de prfv (3)	Toluca, Metepec Zona Oriente del Estado De México, D.F. y Querétaro Toluca, Santiago Tianguistenco
Industria de la construcción	Eureka, cementeras y Estado De México y zona abastecedoras de materiales centro del país. para la construcción.	Estado de México y zona centro del país.
Servicio a la IP	Empresas manufactureras de talleres de PRFV.	Estado de México y zona centro del país.
Otros/diversos	Talleres mecánicos, empresas maquiladoras, empresas importadoras, etc.	Toluca, Estado de México y zona centro del país.

Tabla 18. *Análisis de competidores.*

El posicionamiento que los competidores tienen, es ya amplio; al menos en la zona centro del país, lo cual indica la gran competencia a la que la empresa se enfrenta en su sector en cualquiera de sus segmentos. En el caso del sector carrocero, se muestra especialmente complicado, ya que siendo un área poco o no diferenciada, cuenta en su interior con su propia área.

Análisis interno

CONCLUSIONES

ÀREA FUNCIONAL PARA ANALIZAR	OBSERVACIONES
Organización	➤ Estructura. Su estructura es funcional, con áreas básicas como: Producción, Mercadotecnia, Finanzas y Administración. Las tomas de decisiones se dan de manera rápida debido a la magnitud de la empresa que se encuentra a un nivel micro. Esto da la posibilidad de que todos los jefes de áreas pueden enterarse rápidamente de los sucesos. ➤ Habilidades de dirección. La dirección se toma a nivel jefatura. la empresa se encuentra carente de un director formal, cada jefe dirige su área, a nivel negociación existen pocas habilidades de los tres jefes. ➤ Liderazgo. Existe un líder en la empresa aunque es a nivel informal. Este líder asume el liderazgo aunque a nivel técnico no está 100% capacitado. ➤ Carencia sistemas de calidad ISO 9000. La empresa no cuenta con un sistema de calidad ya que su estado organizacional es incipiente
Recursos humanos	➤ Baja rotación de personal ➤ Sueldos bien remunerados ➤ Clima laboral satisfactorio ➤ Capital humano de calidad en cuestión obrero y jefaturas de áreas ➤ Nulo capital intelectual en áreas de ventas ➤ Identificación total con la empresa de un 80% del personal de la empresa incluidos obreros y empleados. ➤ Falta de autoridad del supervisor, pero alta calidad en su desempeño y fidelidad a la empresa ➤ La empresa depende de una sola persona a nivel obrero: el supervisor, ya que su experiencia y conocimiento al mismo tiempo de su fidelidad a la empresa lo hacen un elemento invaluable.

	➤ No exista un sindicato ➤ Mano de obra cara y poco calificada ➤ Difícil encontrar picadores o fibreros. Más complicado encontrar modelistas y moldistas ➤ El supervisor es fibrero, moldista y modelista.
Tecnología	➤ Nula tecnología ➤ Proceso de producción que a nivel micra es considerado como artesanal, ya que utiliza herramientas y equipo básico. ➤ No existe capital para la adquisición de tecnología de punta ➤ Existe investigación y desarrollo. en la cual la empresa está presentando altas inversiones ➤ Dado el nivel de desarrollo de la empresa. esta es flexible en su capacidad de producción
Manufactura	➤ El proceso de producción es lento ya que no existe tecnología de vanguardia ➤ Bajo nivel de producción mensual. ➤ Proceso de producción flexible, ya que fabrica productos tanto para el área de la construcción como para la automotriz y carrocera, así como para las industrias y el público en general. ➤ Vida útil del equipo alta. ➤ No se cuenta con un sistema administrativo de la producción. ➤ No existe un control de la producción. ➤ Nula supervisión, aunque el puesto existe. ➤ Materia prima costosa. ➤ Altos costos fijos de producción. ➤ En Toluca solo existe un proveedor fabricante de resina, gel coat, catalizadores y pastas, elementos básicos para la fabricación. ➤ No se han conseguido créditos y bajos precios. ➤ No existen inventarios de materias primas ni de producto terminado. ➤ La calidad de los productos es alta, cumpliendo muchas veces con los estándares requeridos por las normas. ➤ No existen programas de capacitación para el personal en sus áreas. ➤ No existe problemas en proveeduría de materias primas.

Comercializacion y ventas	➢ No se tiene habilidades ni programas de mercadotecnia. ➢ Se llevan a cabo negociaciones que apoyen la distribución y las ventas. ➢ No existe un equipo de ventas.
Finanzas	➢ Ciclo financiero amplio, de 30 a 45 días. ➢ El ciclo financiero de la empresa va de 30 a 45 días (es demasiado amplio). ➢ No se ha recuperado la inversión hecha, debido a errores en la toma de decisiones. ➢ El margen de utilidad en promedio es de 35% ➢ No se cuenta con históricos financieros que-permitan observar el comportamiento de las ventas, ingresos y egresos.

Tabla 19. *Análisis interno.*

Análisis Externo
CONCLUSIONES

ÀREA A ANALIZAR	OBERVACIONES
Social	➢ Gran aceptación por los consumidores de la industria del plástico reforzado. ➢ Los articulas son hechos en PRFV para mercados nacionales como internacionales. ➢ El producto ha mantenido un elevado crecimiento en cuanto a su demanda basado en las características de este y en la variedad de su uso. ➢ El producto es utilizado por toda la población. ➢ Su uso y aplicación de amplia variedad permite una demanda continua. ➢ Se espera un crecimiento demográfico lo cual impactará directamente en el consumo de artículos elaborados con PRFV

	➢ La concentración de las plantas manufactureras, se encuentran en el Distrito Federal, Estado de México, Nuevo León y Jalisco. ➢ La demanda de productos de plástico se encuentra muy vinculada al crecimiento de la población. En países con niveles de industrialización medio, el aumento de esta demanda es significativamente mayor al que corresponda a los países industrializados.
Política	➢ En 1994 se eliminó el arancel al 76% de las exportaciones mexicanas y se estableció un periodo de desgravación a las importaciones de 9 años a partir de 1994 (1ª de enero de 2003) ➢ Buena parte del crecimiento del sector a partir de los 90 está sustentado en la. participación dentro del TLC ➢ La mayor parte de los indicadores de la industria mexicana del plástico se disparan a partir de 1994: consumo de resinas, exportaciones e importaciones de manufacturas plásticas e importación de maquinaria para la industria ➢ Normatividad sobre contaminación ambiental estricta ➢ Existen distintos tratados de libre comercio con América del Norte y América Latina ➢ Cerca de tres cuartas partes de los insumos empleados por la industria provienen da fabricantes nacionales, se incluye a PEMEX. ➢ Siendo la industria de la construcción consumidora de grandes volúmenes (perfiles, tuberías, etc.) se observan expectativas poco favorables debido a la reducción del gasto gubernamental en referencia a construcción de infraestructura.
Económica	➢ Los materiales plásticos van dirigidos a diversos mercados: construcción, envase y embalaje, transporte, mobiliario, industria en general, etc. ➢ Existen esquemas de financia miento restringidos a la micro empresa. ➢ La industria del plástico posee una elevada capacidad para generar valor agregado en los productos.

- El consuno de plástico en los países industrializados se elevó de 0.6 kg/hab. Al año en 1950 a 100 kg/hab en 1995; en México el consumo pasó de 15 kg/hab en 1992 a 24 kg/hab en la actualidad.
- El sector de los plásticos se ha vuelto uno de los más importantes de México.
- El peso representa un 60 del costo en la estructura de precios del sector plástico.
- Las resinas commodities representan tres cuartas partes del mercado en México.
- México es después de Brasil el segundo consumidor de resinas plásticas en América Latina y ocupa el lugar 17 dentro del consumo mundial; al mismo tiempo, al mercado internacional considera a México como importador neto de manufacturas plásticas.
- La importancia en el sector externo se refleja en las exportaciones e importaciones que de estos productos se llevan a cabo, las importaciones son representativamente mayores.
- La demanda es continua y el mercado no está saturado.
- No existe competencia internacional de este producto dentro del mercado nacional.
- En 2001, los precios productor aumentaron 6.3% mientras que los precios de los insumos crecieron a una tasa inferior, 3.6%. Los productos cuya rentabilidad estuvo por arriba del promedio debido a mayores incrementos en los precios productor fueron los artículos moldeados para el hogar y bolsas y películas de PE.
- Según el Instituto Mexicano del Plástico Industrial 2,500 empresas integran la estructura productiva de la industria de ellas 84% son micro y pequeñas empresas, 12% son medianas y solo el 4% son firmas grandes, Sin embargo, el 20% de las empresas grandes controlan 80 de la producción total.
- Un segmento donde se perciben importantes posibilidades de sustitución es el de los materiales para la construcción (donde predomina el pvc)

Tecnológica	➤ Los plásticos se caracterizan por una alta relación resistencia/densidad, unas propiedades excelentes para el aislamiento térmico y eléctrico, así como una buena resistencia a los ácidos, álcalis y disolventes
	➤ México participa en el desarrollo de la industria en cuestión a mediados de la década de los 60 con la introducción de la fibra de vidrio, gracias a la influencia obtenida por parte de los Estados Unidos de Norteamérica
	➤ A partir de la misma fecha, México ha tenido la oportunidad de obtener un alto grado de calidad y eficiencia de la industria del plástico reforzado
	➤ Su naturaleza le permite conservar sus propiedades con el paso del tiempo además de ser uno de los materiales más fuertes que se conozcan
	➤ La impregnación perfecta de las resinas termoendurentes (poliéster. epóxicas) por su estado líquido y por endurecer fácilmente es rápida de conformar
	➤ Los artículos terminados presentan magníficas propiedades físicas, mecánicas y eléctricas; muy buena resistencia química y a la intemperie, exentos de corrosión electrolítica y de otro tipo de degradación, comodidad en la manipulación y transporte, reducido costo de fabricación, además de tener un costo moderado. Adicional existe la posibilidad del reciclaje
	➤ El PRFV procesado, siendo termoestable no es posible aplicar calor para modificar la materia sólida (ya transformada) en líquida pero es posible trituraría y/o molerla para su re uso.
	➤ Las principales resinas commodities son los polietilenos de alta y baja densidad (pead y pebd), el poliestireno (ps) y el cloruro de polivinilo (pvc)
	➤ Alrededor del 60% de la producción del plástico se designa a la industria como insumo
	➤ En Estados Unidos y Canadá se registran 50 tons/trabajador al año, en México la relación es de 10 tons/trabajador. Tal diferencia se atribuye a la tecnología empleada, que en parte es obsoleta.

	➤ La escasez de mano de obra capacitada. aunada a una deficiencia en diseño de productos, ha limitado el uso de nuevas variedades de plástico así como de procesos productivos novedosos que ya se emplean en casi todos los países industrializados. ➤ Abundancia de pequeñas y medianas empresas que operan con niveles de eficiencia heterogéneos, lo cual impide la normalización de la producción y el establecimiento de economías de escala, así como el acceso favorable a esquemas de financiamiento.

Tabla 20. *Análisis externo.*

Análisis competitivo

El análisis se lleva a cabo considerando la puntuación dentro de cada término a evaluar. La evaluación se lleva a cabo considerando puntuación en escala 1 a 5, dentro del cual 5 equivale a la mejor calificación, alto, favorable, excelente, etc., 3 al punto promedio, y 1 al nivel desfavorable, bajo, negativo, no recomendable. Los puntos 4 y 2 se acercan al nivel promedio, con ventajas y desventajas respectivamente.

Este análisis se lleva a cabo según la definición de Porter, (2008) referente a las fuerzas competitivas básicas:

✓ Amenaza de nuevos ingresos al sector o competidores potenciales
✓ Poder de negociación de los compradores
✓ Poder de negociación con los proveedores
✓ Amenaza de productos substitutos
✓ Competidores en el sector industrial

Relación empresa - Entorno

(Medio ambiente Interno) - (Fuerzas competitivas/ Ambiente Externo)

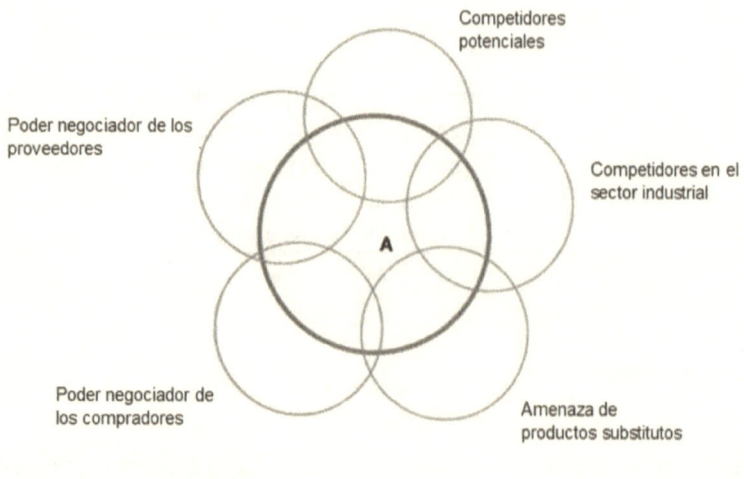

A: Medio ambiente interno

Gráfico 5. *Las Cinco fuerzas competitivas*. A partir de Porter (2008).

El éxito o fracaso de una empresa depende de que tanto y tan profundo se conozca así misma; lo que significa dominar su ambiente interno. Del mismo modo, tal importancia debe ser reflejada hacia fuera; al análisis de su medio ambiente externo, dentro del cual se encuentran los factores competitivos. De esto dependen los resultados, pero sobre todo la rentabilidad y permanencia en el mercado de la misma; y de esto mismo, emanan las estrategias competitivas, que son finalmente un reflejo de la importancia que se le otorgue a nuestros competidores, y por ende al mercado.

He aquí que encontramos el punto de partida de nuestra investigación. Nuestros resultados, están ligados intrínsecamente a la mercadotecnia.

Amenaza de nuevos ingresos al sector o competidores potenciales

Considerando las barreras de que se presentan para el ingreso de nuevas empresas al sector, se evalúa como sigue:

TERMINO: BARRERAS DE ENTRADA	VALORACIÓN CUALITATIVA	VALORACIÓN CUANTITATIVA
Economías de escala	Economías de escala susceptibles de existir, a mayores volúmenes de producción, menores costos de la misma	3
Diferenciación de producto	La diferenciación se da en gran medida, ya que en cuanto a prfv, no se tiene ventaja competitiva, sino que esta radica en la proveeduría de prfv con soporte en diseño aunado al acceso a 4 diferentes segmentos del mercado: Construcción, Autotransporte, Servicio a I.P.[19] y público general.	4
Desventajas en costo independientes de la economía de escala	La curva de aprendizaje es altamente impactante aunado a las fuertes inversiones en investigación y desarrollo de nuevos productos e implementación de tecnología.	3
Costos cambiantes	No existe diferenciación. Debido a lo común que son los materiales, es probable que existan cambios provocados por la economía nacional.	1
Requisitos de capital	No se requieren inversiones fuertes de capital, ya que el equipo no es altamente costoso ni sofisticado: aspersoras, hornos, herramienta menor, etc.	2
Acceso a canales de distribución	Con dificultad de acceso, a los canales de distribución de los productos considerando la variedad y la flexibilidad de la compañía	3
Evaluación promedio		2.6

Tabla 21. *Las 5 fuerzas competitivas. Amenaza de ingreso de nuevos competidores al sector.*

---

[19] Iniciativa privada

Poder de negociación de los compradores

DETERMINANTES DEL PODER DE NEGOCIACIÓN	VALORACIÓN CUANTITATIVA	VALORACIÓN CUALITATIVA
Cantidad de compradores	La cantidad de compradores es alta con respecto a prfv, no concentrada, respecto al servicio de diseño es moderada.	4
Cantidad de la compra o volumen	Existen compradores que compran en grandes cantidades. En su mayoría es bajo el volumen	3
Porcentaje en costos del comprador MP	La materia prima implica un costo medio en las compras del comprador, el valor agregado del producto es costoso aunado al costo de la m.o	4
Diferenciación de productos	Existe una alta diferenciación de productos, la calidad y el servicio son requeridos por el cliente	4
El comprador enfrenta costos bajos por cambio de proveedor	Si	4
Integración hacia atrás o al sector industrial	Por la diversidad del servicio y los productos, existe el riesgo que haya integración hacia atrás, este riesgo es bajo	3
Calidad delproducto en el sector industrial	La calidad del producto es importante, sobre todo en cuestiones de bajos volúmenes	3
Comprador con información de precios costos, demanda…	No tiene facilidad de acceso a la información, aunque existe un posible acceso a comparación de costos con productos substitutos o similares	2
Devenga bajas utilidades	No existe el riesgo en la mayoría de los sectores exceptuando al que comprende la atención del público en general.	4
Evaluación promedio		3.4

Tabla 22. *Las 5 fuerzas competitivas: Poder de negociación de los compradores.*

Poder de negociación de los proveedores

TERMINO	VALORACIÓN CUALITATIVA	VALORACIÓN CUALITATIVA
Número de empresas dentro del sector (concentración de proveedores)	En Toluca, se localiza solo una: Grupo Químico MEGA En el D.F.[20] se encuentra el mayor número de proveedores: Poliformas, Mexicana de resinas, AOC, Felipe Parrilla; etc.	4
Potencial de insumos substitutos	Nulo, no es posible sustituir los principales insumos y materias primas	5
Diferenciación de productos del proveedor	Existe gran diferenciación de productos y de sectores industriales. La empresa no es importante para el sector	4
Importancia del volumen para el proveedor	Alta a mayor volumen de compra disminuye el costo: Resinas, catalizadores, gel coat, fibra de vidrio, etc.	4
Potencial de integración hacia adelante	Existe la posibilidad en el sector que se dé la integración hacia delante, sobre todo el de la construcción, y el de autotransporte.	4
Mano de obra cauficada y especializada en el sector	Es baja la oferta de mano de obra calificada y especializada en la zona de Toluca.	4
Evaluación promedio		4.1

Tabla 23. *Las 5 fuerzas competitivas: Poder de negociación de los proveedores.*

---

[20] Distrito Federal (También Cd. de México)

Amenaza de ingreso de productos sustitutos o alternativos

TERMINO INTENSIDAD DE LA AMENZA	VALORACIÓN CUALITATIVA	VALORACIÓN CUALITATIVA
Fabricación de piezas	Existe gran diversidad de talleres en Toluca y Estado de México, que fabrican piezas en PRFV, por las propiedades y costos el PRFV no puede substituirse en el área de transporte.	3
Diseño	Sustituible, los resultados no son los esperados.	4
Servicio a la IP	Riesgo únicamente en función de PRFV, en el caso que se requiera usar otro material para la reparación	3
Reparaciones en general	No existen productos substitutos.	5
Evaluación promedio		3.7

Tabla 24. *Las 5 fuerzas competitivas: Amenaza de ingreso de productos sustitutos o alternativos al sector.*

Competidores en el sector industrial, intensidad de rivalidad entre los ya existentes

INTENSIDAD DE RIVALIDAD	VALORACIÓN CUALITATIVA	VALORACIÓN CUALITATIVA
Cantidad de competidores	No existen competidores directos, ya que no hay empresas similares. Se encuentra creándose una empresa en el área de Toluca, con cierta diferenciación En el D.F., se encuentran consolidadas al menos 1 Diversos competidores con productos substitutos. Auto proveeduría en el sector carrocero.	3
Ritmo en el crecimiento	Tres de los sectores que se atienden son de lento crecimiento, esto obliga a que las inversiones no sean alentadoras.	3
Costos fijos y/o de almacenamiento	Altos	5
Diferenciación o costos cambiantes	Existe una gran diferenciación de empresas, los competidores tienen segmentos de mercado limitados, los costos son cambiantes moderadamente	2
Incremento en la capacidad instalada	Existen incrementos en capacidad instalada, aunque moderadamente	2
Competidores diversos	Existen, enfocándose a distintos sectores. El tamaño es diverso en cada segmento de mercado. Existe auto proveeduría en el sector carrocero	4
Intereses estratégicos	Existen estos intereses involucrándose en cada sector y empresa competidora, riesgo moderado en el caso de los competidores directos	4
Barreras de salida	Bajos activos especializados, altos costo fijos de salida. Barreras emocionales, fuertes restricciones sociales y gubernamentales	4
Evaluación promedio		3.4

Tabla 25. *Las 5 fuerzas competitivas. Competidores en el sector industrial, rivalidad de los ya existentes.*

Se ha llevado a cabo el análisis competitivo, del cual intervienen factores fundamentales para el desempeño de la industria en el sector, este, ha sido mostrado en las tablas anteriores. A manera de resumen, se muestra en la siguiente tabla los resultados de tal análisis. Como se verá, el riesgo que está manifestando el sector resulta ser superior al promedio, esto indica la complejidad del mismo, el alto riesgo que deberá ser atacado con estrategias adecuadas.

Resultados de análisis de las 5 fuerzas competitivas

FUERZAS COMPETITIVAS	EVALUACIÓN PROMEDIO
Amenaza de nuevos ingresos al sector -Competidores potenciales	2.6
Poder de negociación de los compradores	3.4
Poder de negociación de los proveedores	4.1
Amenaza de ingreso de productos sustitutos o alternativos	3.7
Competidores en el sector industrial	3.4
EVALUACIÓN PROMEDIO TOTAL	3.44

Tabla 26: *Análisis de las cinco fuerzas competitivas. Resultados.*

Arriba, el análisis descrito, nos indica las puntuaciones que resultan comparativas a nivel gráfico, de la situación competitiva actual que guarda el sector en el cual la empresa se desempeña.

Numéricamente, se demuestra el riesgo latente que resulta ser ligeramente menor al promedio, hablando de amenaza por nuevos ingresos al sector o competidores potenciales. De estos, se aprecia el riesgo mayor en factores como: requerimientos de capital y las economías de escala, de los cuales la nueva empresa no se vería limitado competitivamente;

Por el contrario en desventajas, el costo que se presenta por el aprendizaje así como el acceso a canales de distribución.

La diferenciación del o de los productos es otro factor que bien deben librar los competidores.

Siendo este sector uno de los que presentan lento crecimiento, puede de manera particular inhibir el interés de nuevos competidores a ingresar al mismo.

Por otro lado, el poder de negociación de los compradores es superior al promedio en dos de los segmentos de mercado manejados por la compañía, (sector carrocero y de la construcción] debido a los altos costos que ambos manejan y el fuerte impacto que reciben con los cambios volátiles de la economía nacional y por ende, mundial.

Esto indica un riesgo importante enfocado a que la empresa en el sector se enfrenta a materializar baja rentabilidad ya, que se ve obligada a disminuir sus precios.

El riesgo en la integración de los proveedores hacia delante, y de los compradores a que se integren hacia atrás, también se presenta.

Por sus características, el poder de negociación que se presenta entre la compañía de este sector y sus proveedores es muy limitativo para la primera, ya que por su concentración y diferenciación, los proveedores lideran la relación manteniendo sus precios en función de su propia rentabilidad.

El 70% de las empresas del sector carrocero fabrican sus propias piezas de PRFV, de las mismas, el 33% cuentan con un departamento de diseño interno, el resto lleva a cabo adecuaciones o implementaciones de piezas de la competencia o de productos estándar.

La amenaza de ingresos de productos substitutos al sector es de igual forma riesgosa, sobre todo si se disgrega cada segmento de mercado de la compañía; de tal forma que el mayormente endeble resulta ser el de la industria de la construcción, en donde los materiales empleados y la diferenciación en diseño son diversas, tal es el caso del PP, el PVC, el PE, los cementos y morteros así como el fibro asbesto, entre otros.

Difícilmente se sustituirá a corto plazo el plástico reforzado con fibra de vidrio en aplicaciones de la industria de la construcción y fabricación de carrocerías. En cuanto a la Iniciativa Privada en general, esta no depende del PRFV, ya que puede sustituir sus necesidades con otros materiales y servicios.

La intensidad de la rivalidad entre los competidores ya existentes, es considerada poco arriba del promedio, lo cual indica las consideraciones más importantes orientadas a la cantidad de compañías presentes en el sector y a su vez en los segmentos de mercado que maneja la compañía. Del mismo modo, es impactante el asentamiento geográfico de las mismas, el cual se concentra en el centro del país y en la capital de la República.

Además, la diversificación de la empresa en cuestión, implica enfrentar un número amplio de competidores, los cuales son diferentes y diversos en cada segmento de mercado.

Por otro lado, otro aspecto importante dentro de este análisis, y en donde se debe hacer una pausa para prestarle una importante atención es el análisis que guarda el sector en el cual está desarrollando este giro. Tal situación, se muestra en el capítulo anterior, apartado: Evolución del sector.

DISEÑO DE ESATRATEGIAS

Habiendo analizando todos los factores que indica la teoría de planeación estratégica:

- Análisis Interno
- Análisis Externo
- Análisis Competitivo
- Evolución del sector Industrial

Es posible elaborar el Análisis DOFA, el cual se describe con oportunidad en el capítulo 2, ver tabla 16, este análisis mostrado a manera de tabla nos permitirá confrontar las variables básicas que nos definirán la situación actual de nuestro entorno; el interno y externo, las estrategias que se propondrán son producto de esta realidad estudiada.

Tomando el mismo modelo aplicado al análisis competitivo, calificaremos cada aspecto contenido en el análisis de las fortalezas, debilidades, oportunidades y amenazas que afectan a nuestra compañía.

Fortalezas y debilidades

CATEGORIA	EVALUACIÓN					RESULTADO DOFA
	5	4	3	2	1	
ANÁLISIS INTERNO						
Finanzas: liquidez, pasivos, márgenes de utilidad				□		D
Producción: flexibilidad		□				F
Capacidad					□	D
Equipo				□		D
Calidad			□			F
Costos fijos				□		D
Integración hacia delante					□	D
Suministro de materias primas				□		D
Investigación y desarrollo: nuevos productos		□				F
Tecnología de vanguardia					□	D
Capital intelectual	□					F
Flexibilidad y respuesta al cliente		□				F
Mercadotecnia: Investigación de mercados				□		D
Fuerzas de ventas				□		D
Servicio técnico				□		D
Imagen del producto				□		D
Participación				□	□	D
Ventaja de precio			□			F
Canales de distribución					□	D
Cartera de clientes				□		D
Relación proveedor-cliente					□	D
Cartera de productos			□			F
Recursos humanos: Capital intelectual	□					F
Sindicato	□					F
Rotación de personal				□		D
Prestaciones				□		D
Capacitación					□	D
Organización y administración: Liderazgo				□		D
Habilidades directivas				□		D
Sistema administrativo de calidad					□	D

Tabla 27. *Análisis DOFA. Interno: Fortalezas y Debilidades*

Oportunidades y amenazas

CATEGORIA	5	4	3	2	1	RESULTADO DOFA
ANÁLISIS EXTERNO						
Normatividad ambiental				☐		A
crecimiento demográfico		☐				O
TLC/ disminución arancelaria				☐	☐	A
Esquemas de financiamiento				☐	☐	A
Manufacturas plásticas: maquila 60% comercio exterior			☐	☐		O
El sector plásticos de los más importantes en México			☐	☐		O
Propiedades técnicas de los materiales/ uso	☐				☐	O
Inversiones en maquinaria, equipo/ tecnología			☐	☐		O
ANALISIS COMPETITIVO		☐				
Amenaza de nuevos ingresos al sector			☐		☐	O
Poder de negociación de los proveedores	☐	☐				A
Poder de negociación de los compradores		☐	☐			O
Amenaza de ingreso de productos substitutos		☐		☐		A
Competidores del sector industrial			☐	☐		O
ANALISIS DEL MERCADO				☐		
Diferenciación de productos ofrecidos			☐	☐		O
3 distintos segmentos de mercado			☐	☐	☐	O
2 distintos segmentos de mercado			☐			O
Out sourcing de Diseño en Toluca		☐			☐	O
ANÁLISIS DE LA COMPETENCIA			☐			
Alta concentración de competidores (las propias carroceras, integración hacia adelante.					☐	A
Posicionamiento de los competidores (las propias carroceras, integración hacia adelante)			☐	☐		A
Desconcentración de empresas proveedoras de la iniciativa Privada		☐				O
Diversificación de clientes por servicio en la zona	☐		☐			O
EVOLUCION DEL SECTOR						
Producción de resinas en aumento 11.4% comparado con el año anterior			☐	☐		O

El volumen de las exportaciones es superada por el de las importaciones	☐		O
Precios en niveles bajos, debido al bajo consumo	☐	☐	O
Saldo de crédito de la banca, debido al bajo consumo		☐	A
Ciclos internacionales de precios	☐	☐	A
Calificación de riesgo del sector: alto		☐	A

Tabla 28. *Análisis DOFA. Externo: Oportunidades y Amenazas*

Análisis DOFA, diseño de estrategias

	FORTALEZAS	DEBILIDADES
ANÁLISIS DOFA	1. Flexibilidad de producción 2. Calidad 3. Nuevos productos 4. Capital intelectual 5. Flexibilidad y respuesta al cliente 6. Ventaja en precio 7. Cartera de productos 8. No existe un sindicado	1. Finanzas: liquidez, pasivos, márgenes de utilidad. 2. Capacidad 3. Equipo 4. Integración hacia adelante 5. Costos fijos 6. Suministros de MP 7. Tecnología de vanguardia 8. Investigación de mercados 9. Fuerzas de ventas 10. Servicio técnico 11. Imagen del producto 12. Participación de mercados 13. Canales de distribución 14. Cartera de clientes 15. Relación proveedor-cliente. 16. Rotación de personal 17. Prestaciones 18. Capacitación 19. Liderazgo 20. Habilidades de dirección 21. Sistemas de calidad

OPORTUNIDADES:		
1. Poder de negociación de los compradores.	F1-O9 F2-O1	D1-O10, O11, O12, O13 D2, D3-07
2. No amenaza de nuevos ingresos al sector.	F3-03, F7-O3 F6-O10, O11, O14	D7-O5 D8, D9, D12, D14- O3
3. Crecimiento demográfico.	F4-O12 F5-O2, O6, O8, O13	D9- O10, O11 D12, D13, D14- O8
4. Maquila de manufacturas plásticas.	F1-7, F5-O7 F4-O5	D17, D18- O6 D3, D7- O7
5. Sector plásticos de los importantes en México.		
6. Propiedades técnicas de los materiales		
7. Inversión en maquinaria y equipo		
8. Pocos competidores en el sector industrial		
9. Diferenciación de productos ofrecidos		
10. Se atacan 3 diferentes segmentos del mercado.		
11. 2 segmentos de mercado con ciclos de vida amplios		
12. Out sourcing de diseño en Toluca		
13. Desconcentración de empresas proveedoras de I.P.		
14. Diversificación de clientes por servicio en la zona		
15. Insuficiente abasto debido a los bajos precios.		

AMENAZAS		
1. Normatividad ambiental	F2- A1	D9, D13, D14- A4
2. Disminución arancelaria	F1, F3- A2	D8, D9, D10, D11, D12,
3. Esquemas de	F3, F5- A6, A3, A8	D13- A6, A7
financiamiento	F7-A8	D19-A6, A4, A5
4. Poder de negociación	F3-A8, A9	D2- A9
de los proveedores		D13- A5
5. Amenaza de ingreso de		D1- A3, A6, A7, A8
productos substitutos		
6. Calificación del riesgo		
de sector: alto		
7. Ciclos internacionales		
de precios		
8. Bajo saldo de crédito		
de la banca		
9. Posicionamiento de		
los competidores		
en sus nichos de la		
industria carrocera		
10. Alta concentración		
de competidores (las		
propias carroceras,		
integración hacia		
adelante.		

Tabla 29. *Análisis DOFA, Diseño de estrategias*

Definición de objetivos

Se ha hecho un acercamiento a la problemática que presenta la empresa DPSA en el cual se ha podido observar toda una serie de factores internos y externos, que definen las circunstancias actuales y futuras que presenta y puede presentar la empresa. Dicho acercamiento ha consistido en diagnosticar la situación presente, estudiar el macro entorno y el micro entorno de la misma, y mediante este resultado proponer los lineamientos adecuados que puedan dar a la compañía una base de sustentación y crecimiento. La planeación estratégica, provee algunas herramientas aplicables a esta solución. En seguida se muestran los principios básicos de esta planeación. Los resultados obtenidos y anteriormente citados, orillan a los líderes de la empresa a consolidar una metodología que sirva de seguimiento con respecto a los problemas encontrados al interior de la institución. Por tanto, y como así lo menciona la planeación estratégica en seguida se presenta la parte fundamental del presente planteamiento de planeación. Esto es en sí la mejora encontrada a la conceptualización de misión, visión, objetivos y filosofía manejados con anterioridad por la empresa.

Misión

DPSA es una empresa mexicana con el compromiso de fabricar productos elaborados a partir polímeros orientados a satisfacer las necesidades del mercado de las carrocerías, de la industria de la construcción, la Iniciativa Privada y el público en general, a partir de procesos organizados y rentables que beneficien a sus clientes, a sus empleados, a sus proveedores, accionistas y a la ecología.

Valores

Para DPSA la fe, el trabajo constante, la confianza en la gente, la honestidad y la rentabilidad son premisas que son el eje y el motor de las labores diarias. A través de ellas, nuestra empresa cumple su más firme propósito: satisfacer las necesidades de nuestros clientes.

Visión

DPSA busca ser una empresa posicionada en el mercado de la fabricación y el servicio de productos a partir del plástico reforzado en fibra de vidrio y otros polímeros; manteniendo el liderazgo en calidad y precio justo, así como en servicio y atención a sus clientes, buscando con ello una mejora continua así como la actualización y el crecimiento de sus empleados y socios.

Objetivos

En todo nuestro análisis se observa el fuerte impacto de la problemática de la empresa referida principalmente a algunas de las áreas vitales de la misma: como producción. Es entonces qué, en función a la misión de la empresa, se pretende orientar dichos objetivos a fortalecer estas áreas integrándolas a un fin general.

- Consolidar a DPSA de CV como una empresa rentable, proveedora de productos y servicios plásticos dentro la zona centro del país en un mediano plazo.
- Expandir los canales de distribución que permitan colocar volumen de ventas y del mismo modo ofrecer rentabilidad a la empresa.
- Fortalecer los sistemas internos de la empresa, los cuales permitan llevar a cabo las tareas con eficiencia y eficacia, para tal efecto se deberá atender a las áreas básicas: Administración, Finanzas, Marketing, Ingeniería y Desarrollo de Nuevos Productos y Ventas.
- Sentar las bases para un crecimiento constante que permita en un largo plazo lograr una expansión nacional e internacional de la misma.

Correlación de factores de acuerdo al análisis DOFA para el diseño de estrategias.

No. Consecutivo	FACTORES	ESTRATEGIAS
1	F1-O9	Considerando la flexibilidad de la empresa, proveer productos diferenciados
2	F2-O2	Ofertar calidad como poder de negociación con los clientes
3	F3-O3, F7-O3	Atacar segmentos de mercados que representen volumen introduciendo los productos actuales y desarrollando nuevos
4	F6-O10, O11, O14	Atacar los 3 segmentos de mercado, consiguiendo diversificar clientes y por lo tanto ser competitivos con precio.
5	F4-O12	Brindar Outsourcing en diseño a las empresas carroceras [Toluca) aprovechando el capital intelectual con el que se cuenta.
6	F5-O2, O6, O8, O13	Atender al posicionamiento en el mercado (3 segmentos) atendiendo la baja amenaza de nuevos ingresos al sector. Respuesta rápida y flexibilidad.
7	F1-O7, F5-O7, F6-O8	Posicionarse en el mercado con respuestas rápidas, flexibles y bajos precios amortizando bajos costos de tecnología y equipo.
8	F4-O5	Aprovechamiento del capital intelectual enfocado al desarrollo de nuevos procesos en plástico considerando la importancia del sector en el país.
9	D1-O10, O11, O12, O13	Ingreso y consolidación en 3 segmentos de mercado que permita obtener liquidez y rentabilidad: Segmento: Construcción -Margen de utilidad Segmento: Carrocerías -Margen de utilidad Segmento: I.P. –Liquidez
10	D2, D3-O7	Invertir en maquinaria y equipo que permita elevar la capacidad de producción de la empresa.
11	D7-O5	Invertir en tecnología de punta considerando el liderazgo del sector polímeros en cuanto a rentabilidad.

12	D8, D9, D12, D14-O3	Elaborar estudios de mercado que den un panorama claro de las oportunidades de ingreso y posicionamiento.
13	D9-O10, O11	Atacar el mercado de la construcción el cual representa volumen de ventas y por lo tanto incremento en las mismas.
14	D12, D13, D14-O8	Acceso a canales de distribución mediante alianzas estratégicas.
15	D17, D18-O6	Brindar capacitación y mayores prestaciones a los empleados considerando las virtudes de los materiales y facilidades en el proceso.
16	D3, D7-O7	Tecnificación y equipamiento de la empresa, conduciendo al aprovechamiento de oportunidades en el mercado.
17	F2-A1	Atención a la calidad de la empresa y sus productos reduciendo riesgos ambientales y optimización de recursos.
18	F1, F3-A2	Desarrollo constante de nuevos productos en producción flexible.
19	F3, F5 - A6, A3, A8	Desarrollo de nuevos productos, flexibilidad de respuesta al cliente en soporte a la capitalización.
20	F7-A8	Mantener cartera de productos para soporte de temporadas y/o ciclos económicos.
21	F3-A8, A9	Desarrollo de nuevos productos que afronte las amenazas que se presentan de nuevos ingresos al sector, así como el posicionamiento de las ya existentes.
22	D9, D13, D14-A4	Incrementar el volumen de ventas lo cual permita acceder a disminuir los costos de materias primas.
23	D8, D9, D10, D11, D12, D13-A6, A7	Estructuración de un plan de marketing que permita afrontar el riesgo que representa el sector, así como la confrontación de los ciclos internacionales de precios
24	D19-A4, A5, A6	Definir el liderazgo adecuado que permita dar seguimiento y tomar decisiones
25	D21-A9	Implementar sistemas de calidad que permitan lograr una ventaja competitiva en la empresa.

| 26 | D13-A5 | Implementar fuerza de ventas y canales de distribución que hagan frente al ingreso de productos substitutos. |
| 27 | D1-A3, A6, A7, A8 | Estabilizar la situación financiera de la empresa lo cual permita afrontar bajos o nulos esquemas de financiamiento así como los ciclos internacionales de precios. |

Tabla 30. *Diseño de estrategias*

La Tabla 30 nos presenta una confrontación y posibilidades de creación de estrategias orientadas cada una a resolver la problemática general. Se pretende con esto lograr que las fortalezas y debilidades apoyen a aquellos factores definidos dentro de las oportunidades y las amenazas. Así, una fortaleza identificada en la empresa combinada racionalmente producirá un sustento a una amenaza o a una oportunidad. De la misma forma una debilidad se combinará con una oportunidad o amenaza para hacer que esta desaparezca. Con tales correlaciones se proponen las estrategias que han de apoyar en beneficio del futuro de la empresa.

CONCLUSIONES Y REFLEXIONES FINALES

Dadas las condiciones que presenta la empresa DPSA las cuales se han podido observar tanto en la aplicación del diagnóstico empresarial JICA, como en el estudio y análisis de las fuerzas competitivas del sector, se han desarrollado un conjunto de estrategias que atacando los puntos medulares del problema, representarán un mejoramiento para la organización.

El análisis es el punto crucial de arranque del pensamiento estratégico. Al enfrentarse a problemas, tendencias, eventos o situaciones que parecen constituir un todo armónico o que de acuerdo con el sentido común actual, parecen venir integradas como un todo, el pensador estratégico los divide en sus partes constitutivas. Luego, tras descubrir el significado de estos componentes, los vuelve a ensamblar para maximizar sus ventajas. Esto ha sido necesario a lo largo del presente proyecto, en donde la aplicación de diagnóstico nos ha brindado la posibilidad de desmembrar el conjunto y sintetizarlo en una proyección de problemas. Se ha ido delimitando el asunto por medio del empleo de un diagrama del problema, el cual se parece a los métodos que se utilizan en la medicina en general.

Una empresa de negocios es una entidad orgánica viviente. Cuando una enfermedad ataca alguna de sus partes, el funcionamiento defectuoso tenderá a reflejarse en la reducción de las utilidades (o el potencial de futuras utilidades) que son la fuente de energía para el crecimiento de dicho organismo. Si se reconoce la gravedad de los síntomas, la alta dirección de la empresa, ya sea sola o con ayuda de consultores externos, lógicamente deseará probar cuál es la causa del problema en ver, la herramienta para analizar cuáles son las posibles razones.

Lo más importante para descubrir la solución de un problema es aislar sus puntos críticos; en otras palabras, determinar el asunto crítico. La clave en esta etapa inicial viene a ser la limitación del asunto mediante el estudio detallado de los fenómenos observados. Esto, se intenta presentar en el capítulo 3 referente a la aplicación del diagnóstico empresarial JICA.

Lo que distingue a la planeación estratégica de todos los demás tipos de planeación de los negocios es, en una palabra, la ventaja competitiva.

Sí no existiesen los competidores, no sería necesaria la estrategia, puesto que el único propósito de la planeación estratégica viene a ser el permitir que la compañía obtenga, con la mayor eficacia posible, una ventaja sostenible sobre sus competidores. Por tanto, la estrategia corporativa implica el intento de alterar las fuerzas de la compañía en relación con la de sus competidores en la forma más eficaz.

Muchos aspectos se complementan para hacer que una empresa sea rentable, y en el óptimo de los casos, también líder en su rama, el liderazgo adecuadamente ejercido, los costos, los sistemas de producción, la participación eficiente y eficaz de la gente, son fundamentales. La planeación estratégica como herramienta de aplicación en la organización de todos estos factores es importante y por demás necesaria. Por supuesto, no es el único método, pero si uno de los más flexibles y funcionales.

El alcance de este proyecto ha sido identificar esos factores buenos y malos que en definitiva ocasionan los síntomas que la empresa presenta. Su aplicación y/o implementación posterior confirmará la hipótesis presentada en el origen de nuestra investigación. Confiere a los empresarios dicha encomienda, ante todo porque el dinamismo de la profesión del que hacemos mención al inicio de este texto, conlleva a pensar que el diseño industrial, siendo una profesión del siglo XXI, tiene la responsabilidad de mantenerse a la vanguardia tecnológica en donde las estrategias conlleven un alto grado de pensamiento de renovación, actualización y conocimiento actualizado y de punto implica el éxito de la misma. Una de las conclusiones de esta investigación es que la empresa DPSA, no es competitiva en la 4RI, esta aseveración es contundente, sí citamos de nueva cuenta al presidente del INADEM, Alejandro Delgado:

"En este sentido, creo firmemente que México está preparado para la Cuarta Revolución Industrial y uno de los factores clave en ella será ell talento de los emprendedores de nuestro país. En primera instancia, deben tomar en cuenta que la Cuarta Revolución Industrial ha definido nuevas líneas de acción para poder competir en el mercado actual, en la medida que se visualicen dentro de un entorno tecnológico y sus productos o servicios sean accesibles, respondan con rapidez y precisión a su público objeto con la ayuda de las plataformas digitales, podrán tener mayores oportunidades de éxito." (Mejores empleos, 2017 pp.27)

El proceso de producción utilizado, las estrategias de acceso a los clientes y la forma de liderar, están siendo obsoletas y tarde o temprano podrían representar el declive de la empresa. Por supuesto, el reconocer e identificar el problema, como aquí se hace, representa ya un gran inicio para la solución.

Referencias

Barragán, J. N. et al. (2014). *Administración de las pequeñas y medianas empresas. Retos y problemas ante la nueva economía global. Corporaciones; Reclutamiento en las PyMEs; Globalización.* México: Trillas.

Bhaskaran, L. (2007). *El diseño en el tiempo. Movimientos y estilos del diseño contemporáneo.* Barcelona: BLUME.

Braidot, N. (2008). *Neuromagement, Cómo utilizar a pleno el cerebro en la conducción exitosa de las organizaciones.* España: Granica.

Braidot, N. (2013). Neuromanagement y Neuroliderzgo, Cómo se aplican los avances de las neurociencias a la conducción y gestión de las organizaciones. *Revista digital de Ciencias Administrativas.* FCE, UNLP. Año 1 (2), pp. 57-60 Recuperado de: https://revistas.unlp.edu.ar/CADM/article/download/706/674/

Brynjolfsson, E. y McAffe, A. (2016). *La segunda era de las máquinas. Trabajo, progreso y prosperidad en una época de brillantes tecnologías.* New York, London: Temas.

Contactopyme, (2017). Metodología para la formulación y evaluación de los proyectos de inversión, NAFIN. Recuperado de: http://www.contactopyme.gob.mx/archivos/metodologias/FP2006-1479/metodologia_evaluacion_y_formulacion_de_proyectos/metodologiaefp.pdf

Davis, K. y Newstrom J.W. (2008). *Comportamiento humano en el trabajo.* México: McGraw-Hill.

Durkheim, E. (2002). *La división del trabajo social.* México: Colofón.

Fugellie, I. (2015). *Origen y fundación del diseño moderno. Siglos XIX y XX.* D.F: Fontamara.

Gestiopolis, (2017). Recuperado el 18 de noviembre de 2017, de: https://www.gestiopolis.com/nuevos-paradigmas-empresariales-en-el-siglo-21/

GOB.MX, (2017). Normas Oficiales Mexicanas. Recurperado de: https://www.gob.mx/salud/en/documentos/normas-oficiales-mexicanas-9705

GRUPOCHEDRAUI, (2017). Grupo Chedraui. Recuperado de: http://grupochedraui.com.mx/codigo_de_etica/

IMPI, (2017). Instituto Mexicano del Plástico Industrial. Recuperado de:

JICA, (2017) Japan International Cooperation Agency. Recuperado de: https://www.jica.go.jp/spanish/about/mission.html

Koontz, H., O'Donnell, C. y Weihrich, H. (1988). *Administración*. México: Mc. Graw-Hill.

Koontz, H., Weihrich, H. y Cannice, M. (2012). *Administración: una perspectiva global y empresarial*. México: Mc. Graw-Hill.

Laudoyer, G. (1993). *La certificación ISO 9000: un motor para la calidad*. México: CECSA.

Lerma, A. (2017). *Desarrollo de productos. Una visión integral*. México, D.F: Cengage Learning.

Löbach, B. (1981). *Diseño Industrial*. Barcelona: GG.

Marafuschi, M.A. (2013). Neuroplanning, conciencia estratégica y creación de valor. *ACADEMIA.EDU* Recuperado de: http://www.academia.edu/10763967/NEUROPLANNING_CONCIENCIA_ESTRATEGICA_Y_CREACION_DE_VALOR

Mejores empleos. (2017). El futuro del empleo en la Cuarta Revolución Industrial. *Jóvenes emprendedores, protagonistas del cambio*. Recuperado de: https://issuu.com/mejoresempleos3/docs/armado_2017web

Miklos, T. y Tello M.E., (2015). *Planeación prospectiva. Una estrategia para el diseño del futuro*. México: Limusa.

Müntz, E. (2012). *Leonardo da Vinci*. México: NUMEN.

Palomo, M.T. (2011). *Liderazgo y motivación de equipos de trabajo*. Madrid; México: Alfaomega.

Parrilla, F. (1998). Resinas poliéster, plásticos reforzados. México, D.F: s/e

Porter, M. (2008) The five competitive forces that shape strategy. *Harvard Bussiness Review*. HBR. pp.23-41 Recuperado de: https://pdfs.semanticscholar.org/0510/4ae250945a341ca90275e62c96aa6102782c.pdf

Reyes, A. M. y Pedroza, R. (2015)Profesión y profesionalismo en el diseño industrial. México: M.A. Porrúa.

Rodríguez, L. (2004). Diseño, estrategia y táctica. México: Diseño y educación, Siglo XXI

Schwab, K. (2017). *La cuarta revolución industrial*. México: Debate.

SE, Secretaría de Economía, (2017). Recuperado el 15 de noviembre de 2017 de: http://www.2006-2012.economia.gob.mx/mexico-emprende/empresas/microempresario?lang=es

SE, Secretaria de Economía, (2017b). Normas oficiales mexicanas. Recuperado de: http://www.economia-noms.gob.mx/noms/inicio.do

SIEM, (2017). Sistema de información Empresarial Mexicano. Perfiles empresariales. Recuperado de: https://www.siem.gob.mx/siem/perfilesSiem/login.asp

Schnarch, A. (2015). *Emprendimiento exitoso, como mejorar su proceso y gestión.* México: ECOE Ediciones.

Stoner, J., Freeman, E. y Gilbert, D. (1996). *Administración.* México: Prentice Hall.

Sun Tzu, (1999). El arte de la guerra. Madrid: EDAF

Taylor, F. y Fayol, H. (2000). *Principios de la administración científica.* Buenos Aires: Herrero, Hnos.

TP, (2017). 5 tendencias que impactarán la industria plástica en 2018. *Tecnología del Plástico. Revista Digital.* Recuperado de: http://www.plastico.com/revista-digital/

Toffler, A. (1998). *La tercera ola.* Barcelona: Plaza y Janes

UAEM, (2015). *Reestructuración del plan curricular de la Licenciatura en Diseño Industrial. Proyecto.* Mayo, 2015.

UNIZAR, (2017). Universidad de Zaragoza. *Autómatas en la historia.* Recuperado de: http://automata.cps.unizar.es/Historia/Webs/automatas_en_la_historia.htm

Urteaga, E. (2008). Sociología de las profesiones: Una teoría de la complejidad. *Lan Harremanak: Revista de relaciones laborales,* 18 (I), 169-198. Recuperado de: www.ehu.eus/ojs/index.php/Lan_Harremanak/article/download/2812/2428

Weber, M. (2002). *Economía y sociedad, Esbozo de sociología comprensiva.* Madrid: FCE.

WDO. World Design Organization.Org. (octubre, 2017). Acerca de. Definición de diseño industrial. Recuperado de http://wdo.org/about/definition/

www.ingramcontent.com/pod-product-compliance
Lightning Source LLC
Chambersburg PA
CBHW021428170526
45164CB00001B/145